CAILIAO KEXUE YU GONGCHENG
SHIYAN SHEJI YU
SHUJU CHULI

高等学校规划教材

材料科学与工程实验设计与数据处理

张新平 江金国 等编

化学工业出版社

·北京·

内 容 简 介

《材料科学与工程实验设计与数据处理》注重实用，通俗易懂。内容包括回归分析、方差分析的 Excel 软件实现方法，单因素实验优化设计、多因素实验设计、正交实验设计和均匀设计等全部简单实用的实验设计方法。各章节间有一定的独立性，读者可以根据自己的情况有选择地学习。书中案例大部分选自编者的科研工作和国内外材料科学与工程学科其他研究人员的科研论文，应用和参考价值高。

《材料科学与工程实验设计与数据处理》可作为工科相关领域技术人员的参考书，也可作为高等院校相关专业高年级本科生及研究生学习实验设计并进行毕业论文实践的教材。

图书在版编目(CIP)数据

材料科学与工程实验设计与数据处理/张新平等编.
—北京：化学工业出版社，2021.8(2025.2重印)
高等学校规划教材
ISBN 978-7-122-39457-6

Ⅰ.①材…　Ⅱ.①张…　Ⅲ.①材料科学-实验-高等学校-教材②工程技术-实验-高等学校-教材　Ⅳ.①TB3-33
②TB-33

中国版本图书馆 CIP 数据核字（2021）第 130730 号

责任编辑：陶艳玲　　　　　　　　　文字编辑：师明远　姚子丽
责任校对：王　静　　　　　　　　　装帧设计：史利平

出版发行：化学工业出版社（北京市东城区青年湖南街 13 号　邮政编码 100011）
印　　装：北京建宏印刷有限公司
787mm×1092mm　1/16　印张 10¼　字数 231 千字　2025 年 2 月北京第 1 版第 5 次印刷

购书咨询：010-64518888　　　　　售后服务：010-64518899
网　　址：http://www.cip.com.cn
凡购买本书，如有缺损质量问题，本社销售中心负责调换。

定　　价：49.00 元

前言

　　认识世界可以通过学习，更重要的是通过实践。 有理论指导的实践才是有目的的实践、科学的实践，只有这样的实践才能更深刻地认识世界。 实验就是一种理想的科学实践，是在寻求真理过程中的一种积极的、主动性的活动。 目前各高校均在强调学生应用知识的能力的培养，通过学生动手做实验提高动手能力。 但很多情况下仅靠专业知识是无法做好实验的，还需要事先把实验设计好，并把实验数据分析好。 必须要有正确的理论来指导实验，这就涉及实验设计的问题。 但目前现状令人担忧，由于种种原因，相当一部分理工科学生对于应该掌握的实验设计方法没有掌握，甚至是不知道，这对以实验为主要研究手段的未来工程师们、科学家们不能不说是缺陷！

　　针对这种情况，编者自 2006 年开始在南京理工大学材料科学与工程学院本科生中讲授《实验设计》课程，其目标是使材料相关专业的本科生能够在科研训练、工程训练、毕业设计以及将来的更高层次的学习、工作中使用实验设计方法，提高科研质量和效率。 在选用教材时发现多数此类教材中的实例不能贴合材料科学与工程学科的实际，且书中有些实验设计方法在材料科学与工程学科中并不涉及，如稳健设计等。

　　因此本书中，编者结合自己的科研论文和国内外材料科学与工程学科其他研究人员科研论文，介绍了相关的实验设计方法以及科研思想，让学生对材料科学与工程学科的科研有体会，激发起科研兴趣。 通过实际的科研案例教会学生们针对特定的研究目的设计实验方案，对实验数据进行合理有效的分析，并优化工艺、参数等，让学生在将来的毕业设计、科研工作、生产实践中能够运用实验设计与数据处理的方法。

　　本书 2006 年在国防工业出版社出版了第一版，经过多年使用以后，在第一版张新平、封善飞、洪祥挺、陈飞、陈珊等作者编写的基础上，根据读者反馈和学科进展，进行修订。

　　关于本次修订，主要包括：

　　（1）修订了第一版中的疏漏。 包括文字、数据的错误。

　　（2）对部分重复内容进行整合，特别是在第一版多处出现的因素水平选择方面的内容。

　　（3）增加了部分内容和案例，如第 3 章中的采用 SPSS 进行逐步回归、神经网络等内容是新加的。 此外新增了部分案例。

本书编写分工为：张新平负责全书编写，詹晓非参与第 4 章编写，江金国参与第 5 章编写，王秀宾参与第 6 章编写。

全书参考了国内外有关教材、科技著作及论文，并引用了有关文献和教材的资料和插图，在此特向有关作者和单位致以诚挚的感谢。

限于编者的本身水平和视野，书中难免存在一些纰漏和不足之处，诚恳地希望读者予以指正。

编者

2021 年 3 月

目录

第1章
实验设计与数据处理简介

17

33

121

第 7 章
均匀设计

137 附录

152 参考文献

实验设计与数据处理简介

 本章教学重点

知识要点	具体要求
实验设计概念	掌握实验设计的定义
实验设计的作用	了解实验设计的作用
实验设计的类型	掌握实验设计的类型及其定义，掌握优化实验的基本类型及其定义
实验设计的三要素	掌握实验因素、处理、实验单元、实验指标的定义；掌握实验设计三要素具体内容，实验设计中因素与水平的选取方法与要求；掌握实验设计中应遵循的四个原则定义及原因、相互关系
实验设计中的误差控制	掌握系统误差、随机误差、粗大误差的定义、产生的原因；掌握精密度、正确度和准确度的定义与相互关联；了解坏值的定义与剔除方法
常见数据处理常用方法	掌握直观分析方法、方差分析方法、因素-指标关系趋势图分析方法和回归分析方法等常见数据处理常用方法概念及其作用
实验设计与数据处理的基本过程	了解实验设计与数据处理的基本过程

　　材料科学与工程研究有关材料的组成、结构、合成与加工与材料性能和用途的关系。在材料科学与工程领域科学研究和生产中，经常需要做许多实验，并通过对实验数据的分析以寻求问题的解决办法。这就提出了如何安排实验和如何分析实验结果的问题，也就是如何进行实验设计和数据处理的问题。

　　实验设计与数据处理是以概率论、数理统计及线性代数为理论基础，经济地、科学地安排实验和分析处理实验结果的一项科学技术。它主要讨论如何合理地安排实验和科学地分析处理实验结果，从而解决生产和科学研究中的实际问题。除了需要具备概率论、数理统计及线性代数等基础知识外，还应具有较深、较广的专业知识和丰富的实践经验，这样才能取得良好的效果。

1.1 实验设计的作用

在生产、科研和管理实践中，为了研制新产品、更新老产品，降低资源消耗，提高产品的产量和质量，做到优质、高产、低消耗，提高经济效益，都需要做各种实验。如何做实验大有讲究。如果实验方案设计正确，实验结果分析得法，则能以较少的实验次数、较短的实验周期、较低的实验费用，迅速地得到正确的结论和较好的实验效果。反之，就可能增加实验次数，延长实验周期，造成人力、物力和时间的浪费，不仅难以达到预期的效果，甚至造成实验的全盘失败。由此可见，如何科学地进行实验设计是一个非常重要的问题。

实践表明，实验设计可以帮助有效地解决以下问题：

① 通过科学合理地安排实验，可以减少实验次数，缩短实验周期，节约人力、物力，提高经济效益。尤其当因素水平较多时，效果更为显著。

② 产品设计和制造中影响指标值的因素往往很多，通过对实验的设计和结果的分析，可以在诸多的因素中分清主次，找出影响指标的主要因素。

③ 通过实验设计可以分析因素之间是否存在交互作用，以及交互作用的影响大小。

④ 通过方差分析，可以确定实验误差影响的大小，提高实验的精度。

⑤ 通过实验设计能够尽快地找出较优的设计参数或生产工艺条件，并通过对实验结果的分析、比较，找出最优化方案或进一步实验的方向。

⑥ 能对最优方案的指标值进行预测。

一项科学合理的实验安排应能做到：实验次数尽可能少；便于分析、处理实验数据；通过分析能得到满意的实验结论。

1.2 实验设计的类型

1.2.1 实验设计的基本类型

根据实验的目的，实验设计可以分为以下五种类型。

（1）演示实验

演示实验的目的是演示一种科学现象，如中小学的各种物理、化学、生物实验课所做的实验。在大学中，大学物理、化学、一些专业课等课程实验中也存在大量的演示实验。只要按照正确的实验条件和实验程序操作，必然得到预定的结果。对该类实验的设计主要是专业设计，使得实验的操作更加简单可行，结果更直观清晰。

（2）验证实验

验证实验的目的是验证一种科学推断的正确性，可以作为其他实验方法的补充实验。验证实验也可以是对已提出的科学现象的重复验证，检验其结果是否正确。例如赫伯特·格莱特教授于 1980 年首次提出纳米晶固体的构想，开创了全球纳米材料研究新方向，引发并推动了纳米科技的发展。后来其他研究人员在实验室中验证了他的设想。

（3）对比实验

对比实验的目的是检验一种或几种处理的效果。如热处理对碳钢的力学性能存在显著影响，热处理的工艺参数主要包括加热温度、保温时间、冷却速度等。当改变加热温度、保温时间、冷却速度时，可以得到不同力学性能的碳钢。对比这些参数中的一种或多种对碳钢的力学性能的影响就是一种对比实验。对比实验的设计需要结合专业设计和统计设计两方面的知识，对实验结果的数据分析属于统计学中的假设检验问题。

（4）优化实验

优化实验的目的是高效率地找出问题的最优实验条件。这种优化实验是一项尝试性的工作，有可能获得成功，也有可能不成功，所以常把优化实验称为试验（test）。以优化为目的的实验设计称为试验设计。例如目前流行的正交设计和均匀设计的全称分别是正交试验设计和均匀试验设计。不过在英文中实验设计和试验设计是同一个名称"design of experiments"，都简称为 DOE。

（5）探索实验

对未知事物的探索性科学研究实验称为探索实验，具体来说包括探索研究对象的未知性质，了解它具有怎样的组成，有哪些属性和特征以及与其他对象或现象的联系等的实验。目前，高校和中小学都会安排些探索性实验课，培养学生像科学家一样思考问题和解决问题，包括实验的选题、确定实验条件、实验的设计、实验数据的记录以及实验结果的分析等。

探索实验在工程技术中属于开发设计，设计工作既要依靠专业技术知识，也需要结合使用比较实验和优化实验的方法。使用优化设计技术可以大幅度减少实验次数。

1.2.2　优化实验的基本类型

在上述五大类实验设计类型中，优化实验是一个十分广阔的领域，几乎无处不在。在科研、开发和生产中，可以达到提高质量、增加产量、降低成本以及保护环境的目的。随着科学技术的迅猛发展，市场竞争的日益激烈，优化实验将会越发显示其巨大的作用。

优化实验的内容十分丰富，可以划分为以下几种类型：

① 按实验因素的数目分　单因素优化实验和多因素优化实验。

② 按实验的目的分　指标水平优化和稳健性优化。指标水平优化的目的是优化实验指标的平均水平，例如增加化工产品的回收率，延长产品的使用寿命，降低产品的能耗。稳健

性优化是减小产品指标的波动（标准差），使产品的性能更稳定，用廉价的低等级元件组装出性能稳定、质量高的产品。

③ 按实验的形式分　实物实验和计算实验。实物实验包括现场实验和实验室实验两种情况，是主要的实验方式。计算实验是根据数学模型计算出实验指标，在材料科学与工程领域得到大量的应用。如我国工程院院士柳百成教授领导的课题组开展的铸造过程的模拟就是一种计算实验。笔者开展的轧制复合制备 Al/Mg/Al 叠层复合材料过程的数值模拟也是一种计算实验。

④ 按实验的过程分　序贯实验设计和整体实验设计。序贯实验是从一个起点出发，根据前面实验的结果决定后面实验的位置，使实验的指标不断优化，形象地称为"爬山法"。整体实验是在实验前就把所有要做的实验点确定好，要求设计的这些实验点能够均匀地分布在全部可能的实验点之中，然后根据实验结果寻找最优的实验条件。对分法、0.618 法（黄金分割法）、分数法、因素轮换法都属于序贯实验设计。均分法、正交设计和均匀设计都属于整体实验设计。

1.3　实验设计的三要素

一个完善的实验设计方案应要保证：①人力、物力和时间满足要求；②重要的观测因素和实验指标没有遗漏并做了合理安排；③重要的非实验因素都得到了有效的控制，实验中可能出现的各种意外情况都已考虑在内并有相应的对策；④对实验的操作方法，实验数据的收集、整理、分析方式都已经确定了科学合理的方法。

从设计的统计要求看，一个完善的实验设计方案应该包括三要素，并符合四原则。在讲述实验设计的要素与原则之前，首先介绍实验设计的几个基本概念。

1.3.1　实验设计的基本概念

实验设计包括优选实验因素，选择因素的水平，确定实验指标。

实验因素（factor）简称为因素或因子，是实验设计者希望考察的实验条件。因素的具体取值称为水平（level）。

处理（treatment）是按照因素的给定水平对实验对象所做的操作。

实验单元是指接受处理的实验对象。

实验指标是衡量实验结果好坏程度的指标，也称为响应变量（response variable）。

譬如，在研究轧制工艺对 Al/Mg/Al 叠层复合材料结合强度影响时，轧制温度、坯料预热处理工艺、压下率等属于因素；轧制温度的具体取值 300℃、350℃等为水平值；轧制温度 300℃、坯料双级固溶处理、压下率 20％这样的一组工艺组合进行轧制则是一次处理；铝合金、镁合金板为实验单元；轧制之后测得的结合强度为实验指标。

1.3.2　实验设计三要素

实验设计三要素是指实验因素、实验单元和实验效应。

（1）实验因素

实验设计的一项重要工作就是确定可能影响实验指标的实验因素，并根据专业知识初步确定因素水平的范围。若在整个实验过程中影响实验指标的因素很多，就必须结合专业知识，对众多的因素作全面分析，区分哪些是重要的实验因素，哪些是非重要的实验因素，以便选用合适的实验设计方法妥善安排这些因素。

（2）实验单元

接受实验处理的对象或产品就是实验单元。在工程实验中，实验对象是材料和产品，只需要根据专业知识和统计学原理选用实验对象。在医学和生物实验中，实验单元也称为受试对象，选择受试对象不仅要依照统计学原理，还要考虑到生理和伦理等问题。仅从统计学的角度看，在选择动物为受试对象时，要考虑动物的种属品系、窝别、性别、年龄、体重、健康状况等差异；在以人作为受试对象时，除了考虑人的种族、性别、年龄、体重、健康状况等条件外，还要考虑社会背景，包括职业、爱好、生活习惯、居住条件、经济状况、家庭条件和心理状况等。这些差异都会对实验结果产生影响，这些影响是不能完全被消除的，可以通过采用随机化设计和区组设计而降低其影响程度。

（3）实验效应

实验效应是反映实验处理效果的标志，它通过具体的实验指标来体现。与对实验因素的要求一样，要尽量选用定量的实验指标，不用定性的实验指标。另外要尽可能选用客观性强的指标，少用主观指标。有一些指标的来源虽然是客观的（如读取病理切片等），但是在判断上也受主观影响，称为半客观指标，对这类半客观指标一定要事先规定所取数值的严格标准，必要时还应进行统一的技术培训。

1.3.3　实验设计中因素与水平的选取

（1）因素的选取

每一个具体的实验，由于实验目的不同或者因现场条件的限制等，通常只选取所有影响因素中的某些因素进行实验。实验过程中改变这些因素的水平而让其余因素保持不变。但是为了保证结论的可靠性，在选取因素时应把所有影响较大的因素选入实验。另外，某些因素之间还存在着交互作用。所以，影响较大的因素还应包括那些单独变化水平时效果不显著，而与其他因素同时变化水平时交互作用较大的因素。这样实验结果才具有代表性。如果设计实验时，漏掉了影响较大的因素，那么只要这些因素水平改变，结果就会改变。因此，为了保证结论的可靠性，设计实验时就应把所有影响较大的因素选入实验，进行全组合实验。一般而言，选入的因素越多越好。在近代工程中，20～50 个因素的实验并不罕见，但从充分发挥实验设计方法的效果看，以 7～8 个因素为宜。当然，不同的实验，选取因素的数目也会不一样，因素的多少决定于客观事物本身和实验目的的要求。而当因素间有交互作用影响时，如何处理交互作用是实验设计中另一个极为重要的问题。关于交互作用的处理方法将在正交实验中介绍。

（2）水平的选取

水平的选取也是实验设计的主要内容之一。影响因素可以从质和量两方面来考虑。如原材料、添加剂的种类等就属于质的方面，对于这一类因素，选取水平时就只能根据实际情况有多少种就取多少种；相反，诸如温度、水泥的用量等就属于量的方面，这类因素的水平数以少为佳，因为随水平数的增加，实验次数会急剧增多。

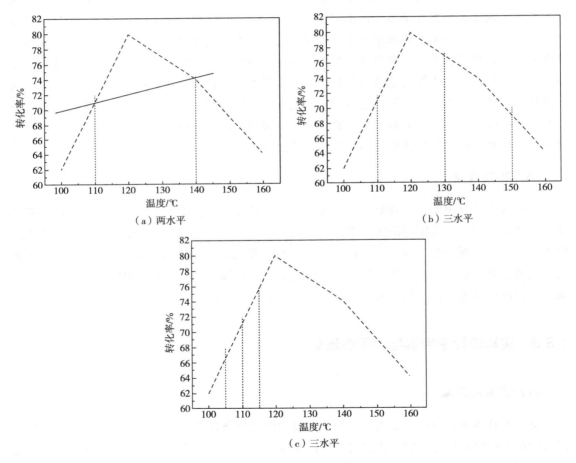

图 1-1　转化率与温度的关系

图 1-1 是转化率与温度的关系。图 1-1（a）是温度取两水平时的情况，可见两点间可以是直线，也可以是曲线。如果两个水平的间距较大，那么中间的转化率就难以判断，为防止

产生这样的后果，水平值应当靠近。图 1-1（b）是温度取三水平的情况。通过实验可以得到三个点，当真实关系是抛物线时，中间一点的转化率就最高，但会不会是更复杂的三次曲线呢？一般来说是不可能的。因为一般情况下，水平的变化范围不会很大，局部范围内真实关系曲线应当较为接近于直线或者二次抛物线。所以，为减少实验次数，一般取二水平或三水平，只有在特殊情况下才取更多的水平。

不同的实验，水平的选取方法不一样。在新旧工艺对比实验中，往往是取二水平，即新工艺条件和现行工艺条件。如取三水平，则可分别取 0.9 倍的现行工艺水平或理论值、现行工艺水平或理论值、1.1 倍的现行工艺水平或理论值。

但在寻找最佳工况的实验中，实验初期阶段由于没有深刻认识，实验范围往往较大，这时就不得不取多水平。而随着实验的进行，实验的范围会逐渐缩小，实验后期阶段为减少试验次数，就可以取二水平或三水平。

上面已经涉及水平变化的幅度问题，从减少实验次数看，当水平间距不太大时取二水平或三水平就可满足要求。但也应当注意，水平靠近时指标的变化较小，尤其是那些影响不大的因素，水平靠近就可能检测不出水平的影响，从而得不到任何结论。所以，水平幅度在开始阶段可取大些，然后再逐渐靠近。如图 1-1（c）所示，如果温度水平不是 100℃、120℃、140℃，而是 105℃、110℃、115℃，则很难得出正确的结论。此时，即使仪器能够分辨出水平变化所引起的指标波动，但从统计方法来看，这也是没有什么意义的。

还应当指出，选取的水平必须在技术上现实可行。如在寻找最佳工况的实验中，最佳水平应在实验范围内；在工艺对比实验中，新工艺必须具有工程实际使用价值。再如研究燃烧问题时温度水平就必须高于着火温度，若环境温度低于着火温度，实验将无法进行。有时还有安全问题，如某些化学反应在一定条件下会发生爆炸等。

水平的间隔大小和生产控制精度与量测精度密切相关。例如一项生产中对温度因素的控制只能做到 ±3℃，譬如设定温度为 85℃ 时，实际生产过程中温度将会在 85℃±3℃，即 82～88℃ 的范围内波动。假设根据专业知识温度的实验范围应该在 60～90℃，如果为了追求尽量多的水平而设定温度取 7 个水平，分别为 60℃、65℃、70℃、75℃、80℃、85℃ 和 90℃，就太接近了，应当少设几个水平而加大间隔。例如只取 61℃、68℃、75℃、82℃ 和 89℃ 这 5 个水平。如果温度控制的精度可达 ±1℃，则按照前面的方法设定 7 个水平就是合理的。

水平数越多，实验的次数也就越多。如某一化学反应，其反应的完全程度与反应温度和催化剂的用量有关。当温度取三水平，催化剂用量取六水平时，就要做 18（3×6）次实验。在很多情况下，考虑到经济因素和实验的复杂程度，应尽量减少实验次数，以达到实验的最终目的。而减少实验次数在很多情况下决定于实验设计人员的专业水平和经验。根据化学反应动力学原理，温度水平较高时，催化剂的用量可以少些；相反，温度水平低时，催化剂用量必须多些。也就是说，可以去掉那些温度低、催化剂用量少和温度高、催化剂用量多的组合。这样，实验次数就可以减少，实验费用就会降低。但是如果把握不大，那就只好做 18 次实验。

1.4 实验设计的四原则

费希尔在实验设计的研究中提出了实验设计的三个原则，即随机化原则、重复原则和局部控制原则。半个多世纪以来，实验设计得到迅速的发展和完善，这三个原则仍然是指导实验设计的基本原则。同时，人们通过理论研究和实践经验对这三个原则也给予了进一步的完善，把局部控制原则分解为对照原则和区组原则，提出了实验设计的四个基本原则，即随机化原则、重复原则、对照原则和区组原则。目前，这四大实验设计原则是已经被人们普遍接受的保证实验结果正确性的必要条件。随着科学技术的发展，这四大原则的内容也在不断发展完善之中。

随机化原则是指每个处理以概率均等的原则，随机地选择实验单元。例如有 A、B 两种热处理方式，将 30 件试样分为两组，A 组 15 只，B 组 15 只。在实际分组时可以采用抽签的方式，把 30 件试样按任意的顺序编为 1～30 号，用相同的纸条分别写上 1～30，从中随机抽取 15 个号码，对应的 15 件试样分给 A 组，其余 15 件分给 B 组。

重复原则是指相同实验条件下的独立重复实验的次数要足够多。例如测金属材料的硬度时，科研人员一般会测 3 个点以上求平均值，这就是一种重复原则的应用。由于个体差异等影响因素的存在，同一种处理对不同的受试对象所产生的效果不尽相同，其具体指标的数值必然有高低之分。只有在大量重复实验的条件下，该处理的真实效应才会比较确定地显露出来。因此在实验研究中必须要坚持重复原则。重复通常有三层含义，分别是重复实验、重复测量和重复取样。

对照原则是指在实验中设置与实验组相互比较的对照组，给各组施加不同的处理，然后分析、比较结果。对照的形式有多种，可根据研究目的和内容加以选择，常用的有空白对照、实验条件对照、标准对照、自身对照、历史对照和中外对照。

区组原则是指将人为划分的时间、空间、设备等实验条件纳入实验因素中。如在测试材料抗拉强度时各个型号的万能试验机存在一定的差异，如果在设计实验方案时也考虑万能试验机型号的影响则是采用了区组原则。另外，通常把人为划分的时间、空间、设备等实验条件称为区组。

实验设计的四个原则之间有密切的关系，区组原则是核心，贯穿于随机化原则、重复原则和对照原则之中，相辅相成、互相补充。有时仅把随机化原则、重复原则和对照原则称为实验设计的三个原则，这并不是意味着区组原则不是重要的原则，而是说区组原则是贯穿于这三个原则之中的一个原则。

(1) 区组原则与随机化原则的关系

按照实验中是否考察区组因素，随机化设计分为完全随机化设计和随机化区组设计两种方式。

完全随机化设计中每个处理随机地选取实验单元，这种方式适用于实验的例数较大或实验单元差异很小的情况。例如 AZ91D 镁合金不同表面处理对其耐腐蚀性能影响的实验中，把从镁合金压铸件上切割下来的 100 块试样，对无表面处理、合金化学镀、阳极氧化、微弧氧化这 4 种处理，每种处理随机地选出 25 块试样作为实验单元。在具体实施随机化分组时，仍然可以采用抽签的方法，把 100 块试样按任意顺序从 1～100 编号，用外形相同的纸条写好 1～100。首先随机地抽出 25 个号码，这 25 个号码对应的试样分配给第 1 个处理。然后再从剩余的 75 个号码中随机抽出 25 个号码，对应的试样分配给第 2 个处理。再从剩余的 50 个号码中随机抽出 25 个号码，对应的试样分配给第 3 个处理。最后剩余的 25 个试样分配给第 4 个处理。有些实验的实验单元之间本身差异很小或不能事先判断其差异。又如考察某种铸件的抗冲击力实验，用几个不同的冲击力水平对铸件做实验，铸件的抗冲击力不能事先判断，只能采用完全随机化方法分配实验单元。

在大豆施氮肥的 4 个水平的实验中，如果实验地块仅分为 16 块，这时采用完全随机化设计，不同处理所分配到的地块土壤的性状就会好坏不均，导致实验的结果不真。这时就要采用随机化区组设计，使好地块和差地块在几个处理中均衡分配。在这个实验中地块的好坏是区组因素，按照随机化区组设计的要求在选取的 16 个实验地块中要分别包含 8 个好地块和 8 个差地块。4 个施肥量的处理分别随机选取 2 个好地块和 2 个差地块。这种方式就是随机化区组设计，其目的就是把性状不同的实验单元均衡地分配给每个处理。

实验的各处理和各区组内的实验次数都相同时称为平衡设计。平衡设计也是实验设计的一种基本思想，这样做有利于实验数据的统计分析。

（2）区组原则与重复原则的关系

重复是指在相同条件下对每个处理所做的两次或两次以上的实验，其目的是消除并估计实验的误差。实验的重复次数和区组因素有关，例如前面的大豆施肥量的实验中实验地块分为 16 块，如果不考虑地块好坏的区组因素，这时 4 种施肥量的处理中每个处理都分配到 4 个实验地块，重复次数为 4 次；如果考虑地块好坏的区组因素，按随机化区组设计方法，每个处理都分配到 2 个好地块和 2 个差地块，是重复次数为 2 次的重复实验；如果地块好坏这个区组因素按照好、一般、差和很差分为 4 个水平，这时按照随机化区组设计每个处理中分配到的好、一般、差和很差的地块都是各有 1 个，就是无重复的实验了。

（3）区组原则与对照原则的关系

区组原则与对照原则之间既有相同点也有差异。

区组原则与对照原则的相同点：同属于费希尔提出的局部控制原则，都是将实验单元按照某种分类标准进行分组，使同组内的实验单元尽量接受同样的处理，以减少组内实验条件的差异。

区组原则与对照原则的差异：从适用的范围看，对照原则仅针对比较实验，而区组原则既适用于比较实验也适用于优化实验；从实验中的作用看，比较实验的目的就是检验处理组和对照组之间是否有显著差异，而对照组可以看作处理因素的一个水平，例如，AZ91D 镁合金不同表面处理中没处理就是空白对照组。在统计分析中，对照组的比较实验属于单因素实验。而区组因素看作是影响实验指标的其他因素，与实验因素共同构成多因素实验。因此在统计分析中，区组设计属于两因素或多因素实验。另外，在考虑区组因素的比较实验中，处理组和对照组要按照相同的区组因素分配实验单元，这样实验结果才有可比性。

1.5 实验设计中的误差控制

1.5.1 实验误差

在实验过程中，环境、实验条件、设备、仪器、实验人员认识能力等原因，使得实验测量的数值和真值之间存在一定的差异，这就是误差。误差可以逐渐减小，但不能完全消除，即误差的存在具有普遍性和必然性。在实验设计中应尽量控制误差，使其减小到最低程度，以提高实验结果的精确性。

误差按其特点与性质可分为三种：系统误差，随机误差，粗大误差。

(1) 系统误差

系统误差是由于偏离测量规定的条件，或者测量方法不合适，按某一确定的规律所引起的误差。在相同实验条件下，多次测量同一量值时，系统误差的绝对值和符号保持不变，或者条件改变时，按一定规律变化。例如，标准值的不准确、仪器刻度的不准确而引起的误差都是系统误差。

系统误差是由按确定规律变化的因素所造成的，这些误差因素是可以掌控的。具体来说，有 4 个方面的因素：

① 测量人员　由于测量者的个人特点，在刻度上估计读数时，习惯偏于某一方向；动态测量时，记录某一信号，有滞后的倾向。

② 测量仪器装置　仪器装置结构设计原理存在缺陷，仪器零件制造和安装不正确，仪器附件制造有偏差。

③ 测量方法　采取近似的测量方法或近似的计算公式等引起的误差。

④ 测量环境　测量时的实际温度对标准温度的偏差，测量过程中温度、湿度等按一定规律变化的误差。

对系统误差的处理办法是发现和掌握其规律，然后尽量避免和消除。

(2) 随机误差（或称偶然误差）

在同一条件下，多次测量同一量值时，绝对值和符号以不可预定方式变化着的误差，称为偶然误差，即对系统误差进行修正后，还出现观测值与真值之间的误差。例如，仪器仪表中传动部件的间隙和摩擦、连接件的变形等引起的示值不稳定等都是偶然误差。这种误差的特点是在相同条件下，少量地重复测量同一个物理量时，误差有时大有时小，有时正有时负，没有确定的规律，且不可能预先测定。但是当观测次数足够多时，随机误差完全遵守概率统计的规律，即这些误差的出现没有确定的规律性，但就误差总体而言，却具有统计规律性。

随机误差是由很多暂时未被掌控的因素构成的，主要有三个方面。

① 测量人员　瞄准、读数的不稳定等；

② 测量仪器装置　零部件、元器件配合的不稳定，零部件的变形，零件表面油膜不均，摩擦等；

③ 测量环境　测量温度的微小波动，湿度、气压的微量变化，光照强度变化，灰尘、电磁场变化等。

随机误差是实验者无法严格控制的，一般是不可完全避免的。

(3) 粗大误差 (或称过失误差)

明显歪曲测量结果的误差称为粗大误差。例如，测量者在测量时对错了标志、读错了数、记错了数等。凡包含粗大误差的测量值称为坏值。只要实验者加强工作责任心，粗大误差是可以完全避免的。

发生粗大误差的原因主要有两个方面：

① 测量人员的主观原因　测量者责任心不强，工作过于疲劳，缺乏经验，操作不当，或在测量时不仔细、不耐心、马马虎虎等，造成读错、听错、记错等；

② 客观条件变化的原因　测量条件意外的改变（如外界振动等），引起仪器示值或被测对象位置改变而造成粗大误差。

1.5.2　实验数据的精准度

误差的大小可以反映实验结果的好坏，误差可能是由于随机误差或系统误差单独造成的，也可能是两者的叠加。为了说明这一问题，引出了精密度、正确度和准确度这三个表示误差性质的术语。

(1) 精密度

精密度反映了随机误差大小的程度，是指在一定的实验条件下，多次实验的彼此符合程度。如果实验数据分散程度较小，则说明是精密的。

例如，甲、乙两组对同一个量进行测量，得到两组实验值。其中甲组数据为：23.45、23.46、23.45、23.44；而乙组数据为：23.39、23.45、23.48、23.50。很显然甲组数据的分散性小于乙组，彼此符合程度好于乙组，故甲组数据的精密度较高。

实验数据的精密度是建立在数据用途基础之上的，对某种用途可能是很精密的数据，对另一用途可能却是不精密的。譬如，0.1mm 对测量直径 100mm 的挤压棒材直径而言很精密，但是对直径 0.1mm 的挤压棒材直径而言则精密度很差。

由于精密度表示了随机误差的大小，因此对于无系统误差的实验，可通过增加实验次数而达到提高数据精密度的目的。如果实验过程足够精密，则只需少量几次实验就能满足要求。

(2) 正确度

正确度反映系统误差的大小，是指在一定的实验条件下，所有系统误差的综合。

由于随机误差和系统误差是两种不同性质的误差，因此对于某一组实验数据而言，精密度高并不意味着正确度也高；反之，精密度不好，但当实验次数相当多时，有时也会得到好的正确度。精密度和正确度的区别和联系，可通过图 1-2 得到说明。测量的数据集合均集中在很小的范围内，但其极限平均值（实验次数无穷多时的算术平均值）与真值相差较大，那么这数据精密度好，正确度不好。如果测量的数据集合均集中在很大的范围内，且其极限平均值与真值相差非常小，那么这数据精密度不好，正确度好。如果测量的数据集合均集中在很小的范围内，且其极限平均值与真值相差非常小，那么这数据精密度和正确度都好。

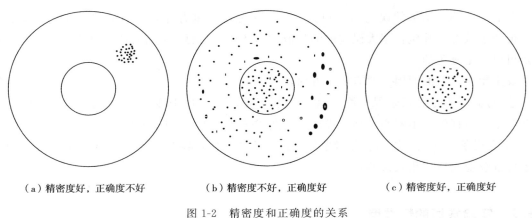

（a）精密度好，正确度不好　　　（b）精密度不好，正确度好　　　（c）精密度好，正确度好

图 1-2　精密度和正确度的关系

（3）准确度

准确度反映了系统误差和随机误差的综合，表示了试验结果和真值的一致程度。

如图 1-3 所示，假设 A、B、C 三个实验都无系统误差，实验数据服从正态分布，而且对应着同一个真值，则可以看出 A、B、C 的精密度依次降低；由于无系统误差，三组数据的极限平均值均接近真值，即它们的正确度是相当的；如果将精密度和正确度综合起来，则三组数据的准确度从高到低依次为 A、B、C。

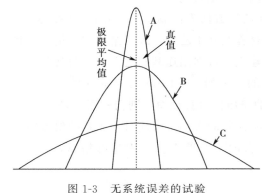

图 1-3　无系统误差的试验

通过上面的讨论可知：①对实验结果进行误差分析时，只讨论系统误差和随机误差两大

类，而坏值在实验过程和分析中随时剔除；②一个精密的测量（即精密度很高，随机误差很小的测量）可能是正确的，也可能是错误的（当系统误差很大，超出了允许的限度时）。所以，只有在消除了系统误差之后，随机误差越小的测量才是既正确又精密的，此时称它是精确（或准确）的测量，这也正是人们在实验中所要努力争取达到的目标。

又如图 1-4，假设 A′、B′、C′三个实验都有系统误差，实验数据服从正态分布，而且对应着同一个真值，则可以看出 A′、B′、C′的精密度依次降低。由于都有系统误差，三组数据的极限平均值均与真值不符，所以它们是不准确的。但是，如果考虑到精密度因素，则图 1-4 中 A′的大部分实验值可能比图 1-3 中 B 和 C 的实验值要准确。

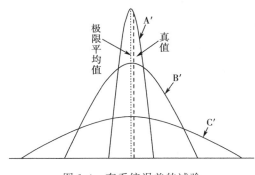

图 1-4　有系统误差的试验

1.5.3　坏值及其剔除

在实际测量中，由于偶然误差的客观存在，所得的数据总存在着一定的离散性。但也可能由于粗大误差出现个别离散较远的数据，这通常称为坏值或可疑值。如果保留了这些数据，由于坏值对测量结果的平均值的影响往往非常明显，故不能以其作为真值的估计值。反过来，如果把属于偶然误差的个别数据当作坏值处理，也许暂时可以报告出一个精确度较高的结果，但这是虚伪的、不科学的。

对于可疑数据的取舍一定要慎重，一般处理原则如下：

① 在实验过程中，若发现异常数据，应停止实验，分析原因，及时纠正错误。

② 实验结束后，在分析实验结果时，如发现异常数据，则应先找出产生差异的原因。再对其进行取舍。

③ 在分析实验结果时，如不清楚产生异常值的原因，则应对数据进行统计处理，常用的统计方法有拉伊达准则、肖维勒准则、格拉布斯准则、狄克逊准则、t 检验法、F 检验法等；若数据较少，则可重做一些数据。

④ 对于舍去的数据，在实验报告中应注明舍去的原因或所选用的统计方法。

总之，对待可疑数据要慎重，不能任意抛弃或修改。往往通过对可疑数据的考察，可以发现引起系统误差的原因，进而改进实验方法，有时甚至可得到新实验方法的线索。

1.6 数据处理常用方法

处理与分析实验数据是实验设计与分析的重要组成部分。在生产和科学研究中，会遇到大量的实验数据，实验数据的正确处理关系到能否达到实验目的、得出明确结论，如何从杂乱无章的实验数据中提取有用的信息帮助解决问题，用于指导科学研究和生产实践，为此需要选择合理的实验数据分析方法对实验数据进行科学的处理和分析，只有这样才能充分有效地利用实验结果信息。

实验数据分析通常建立在数理统计基础上。在数理统计中就是通过随机变量的观察值（实验数据）来推断随机变量的特征，例如分布规律和数字特征。数理统计是广泛应用的一个数学分支，它以概率论为理论基础，根据实验或观察所得的数据，对研究对象的客观规律做出合理的估计和判断。常用的实验数据分析方法主要有直观分析方法、方差分析方法、因素-指标关系趋势图分析方法和回归分析方法等几种。

（1）直观分析方法

直观分析法是通过对实验结果的简单计算，直接分析比较确定最佳效果。直观分析主要可以解决以下两个问题。

① 确定因素最佳水平组合　该问题归结为找到各因素分别取何水平时，所得到的实验结果会最好。这一问题可以通过计算出每个因素每一个水平的实验指标值的总和与平均值，通过比较来确定最佳水平。

② 确定影响实验指标因素的主次地位　该问题可以归结为将所有影响因素按其对实验指标的影响大小进行排队。解决这一问题采用极差法，某个因素的极差定义为该因素在不同水平下的指标平均值的最大值与最小值之间的差值。极差的大小反映了实验中各个因素对实验指标影响的大小。极差大表明该因素对实验结果的影响大，是主要因素。反之，极差小表明该因素对实验结果的影响小，是次要因素或不重要因素。

值得注意的是，根据直观分析得到的主要因素不一定是影响显著的因素，次要因素也不一定是影响不显著的因素，因素影响的显著性需通过方差分析确定。

直观分析方法的优点是简便、工作量小，缺点是判断因素效应的精度差，不能给出实验误差大小的估计，在实验误差较大时，往往可能造成误判。

（2）方差分析方法

简单说来，把实验数据的波动分解为各个因素的波动和误差波动，然后对它们的平均波动进行比较，这种方法称为方差分析。方差分析的中心要点是把实验数据总的波动分解成两部分，一部分反映因素水平变化引起的波动；另一部分反映实验误差引起的波动，亦即把实验数据总的偏差平方和（S_T）分解为反映必然性的各个因素的偏差平方和（S_1、S_2、…、S_N）与反映偶然性的误差平方和（S_0）。并计算比较它们的平均偏差平方和，以找出对实验数据起决定性影响的因素（即显著性或高度显著性因素）作为进行定量分析判断的依据。

　　方差分析方法的优点主要是能够充分地利用实验所得数据估计实验误差，可以将各因素对实验指标的影响从实验误差中分离出来，是一种定量分析方法，可比性强，分析判断因素效应的精度高。

（3）因素-指标关系趋势图分析方法

　　即计算各因素各个水平平均实验指标，采用因素的水平作为横坐标，采用各水平的平均实验指标作为纵坐标绘制因素-指标关系趋势图，找出各因素水平与实验指标间的变化规律。

　　因素-指标关系趋势图分析方法的主要优点是简单、计算量小、实验结果直观明了。

（4）回归分析方法

　　回归分析方法是用来寻找实验因素与实验指标之间是否存在函数关系的一种方法。一般多元线性回归方程的表示式如下：

$$Y = b_0 + b_1 x_1 + \cdots + b_n x_n$$

　　在实验过程中，实验误差越小，则各因素 x_i 变化时，得出的考察指标 Y 越精确。因此利用最小二乘法原理，列出正规方程组，解这个方程组，求出同归方程的系数，代入并求出回归方程。对于所建立的回归方程是否有意义，要进行统计假设检验。

　　回归分析的主要优点是应用数学方法对实验数据去粗取精，去伪存真，从而得到反映事物内部规律的特性。

　　在实验数据处理过程中可以根据需要选用不同的实验数据分析方法，也可以同时采用几种分析方法。

1.7　实验设计与数据处理的基本过程

　　实验设计与数据处理的基本过程如下。

（1）实验设计阶段

　　根据实验要求，明确实验目的，确定要考察的因素以及它们的变动范围，由此制定出合理的实验方案。

（2）实验的实施

　　按照设计出的实验方案，实地进行实验，取得必要的实验数据结果。

（3）实验结果的分析

　　对实验所得的数据结果进行分析，判定所考察的因素中哪些是主要的，哪些是次要的，从而确定出最好的生产条件，即最优方案。

习 题 1

1.1 实验设计可以有效解决哪些问题？

1.2 根据实验的目的，实验设计可以分为哪些类型？

1.3 优化实验可以分为哪些类型？

1.4 常用的实验数据分析方法有哪些？各自优缺点分别有哪些？

1.5 实验设计有哪些要素和原则？各自是什么？

1.6 实验设计四个原则有什么关系？

1.7 实验误差可以分为哪些类型？产生的原因是什么？

1.8 精密度、正确度和准确度的联系和区别是什么？

1.9 实验设计与数据处理的基本过程是什么？

第**2**章

对比实验与方差分析

 本章教学重点

知识要点	具体要求
对比实验与方差分析应用场合	掌握对比实验与方差分析应用的场合
基于 Excel 的 t 检验与方差分析	掌握 Excel 进行 t 检验与方差分析的方法；掌握 Excel 中 t 检验、方差分析的种类及应用场合
两个处理的水平对比 t 检验	掌握等方差、异方差、单侧检验、双侧检验定义及应用场合；掌握 P 值法和临界法的异同；掌握样本量对检验效率的影响；掌握样本量与检验条件的关系
多处理对比的方差分析	了解多处理对比方差分析的基本思想；掌握单因素方差分析、多因素方差分析的定义及应用场合；掌握方差分析中因素的重要性与 P 值的关系；掌握方差分析中误差项的合并方法

在科研和生产中，经常需要研究各种条件的改变对于实验指标有无显著影响。如，在挤压工艺中，需要考虑坯料预热处理、挤压温度、挤压速度、挤压比、润滑条件等对挤压件质量的影响，并希望知道哪些因素影响显著。这些对比实验的数据处理需要用到 t 检验或者方差分析。两个处理之间的水平对比使用 t 检验，多个处理之间的水平对比则需要使用方差分析。

由于 t 检验和方差分析大多需要软件，而 Excel 是最常用的办公软件，因此本章介绍基于 Excel 的 t 检验与方差分析。

2.1 基于 Excel 的 t 检验与方差分析

采用 Excel 进行 t 检验与方差分析之前需要启动"分析工具库"。2010 版 Excel 启动

"分析工具库"方法：在 Excel 的 "文件" 菜单中选择 "选项"，在如图 2-1 所示的对话框中选择 "加载项"，然后选择 "分析工具库"，再点击 "转到（G）"。在弹出的 "加载宏" 对话框中选中 "分析工具库"，点 "确定"。在 "数据" 菜单中就会发现新增加 "数据分析" 一栏，这就完成了 Excel 的分析工具库的加载。以后的介绍如无特殊说明均为 2010 版 Excel 软件操作。

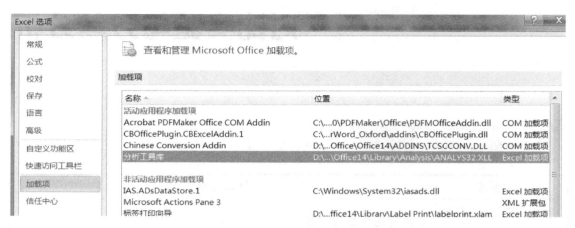

图 2-1　Excel 2010 软件加载 "分析工具库"

加载 "数据分析" 之后就可以进行 t 检验和方差分析，Excel 软件提供了三种 t 检验方法：

① 平均值的成对二样本分析。用于检验自然成对出现的两套数据平均值，譬如两套设备测量同一个样品的数据，且必须有相同的数据点个数。注意并没有假设两个总体的方差是相等的。

② 双样本等方差假设。假设两个样本的方差相等的前提下确定两样本的平均值是否相等。

③ 双样本异方差假设。假设两个样本的方差不相等的前提下确定两样本的平均值是否相等。

以上三种 t 检验方法的操作方法相同：

① 打开 "t 检验" 对话框；

② 指定 "变量 1" 和 "变量 2" 的输入范围；

③ 选择输出区域；

④ 单击 "确定" 取得统计结果。

方差分析一般通过检验多组数据的平均值来确定这些数据集合中样本的平均值是否相等。Excel 有三种方差分析工具，即：

① 单因素方差分析。通过简单的方差分析，对两个以上样本进行相等性假设检验。此方法是对双均值检验的扩充。

② 可重复双因素方差分析。该分析是对单因素分析的扩展，要求对分析的每组数据有一个以上样本，且数据集合必须大小相同。

③ 无重复双因素方差分析。通过双因素方差分析（但每组数据只包含一个样本），对两个以上样本进行相等性假设检验。

单因素方差分析和无重复双因素方差分析方法一致：

① 打开"单因素方差分析"对话框。

② 定义输入区域，选分组方式为"逐列"，并选中"标志位于第 1 行"复选框。

③ 定义输出区域和显著水平 α，Excel 默认 α 为 0.05。

④ 单击"确定"按钮即得统计结果。

可重复双因素方差分析方法的操作方法：

① 打开"可重复双因素方差分析"对话框。

② 定义输入区域。该工具对输入区域内的数据排放格式有两点特殊规定：数据组以列方式排放；数据域的第一列和第一行必须是因素的标志。

③ 定义输出区域和显著水平 α，Excel 默认 α 为 0.05。单击"确定"按钮即得统计结果。

2.2 两个处理的水平对比 t 检验

2.2.1 两个处理的水平对比 t 检验实例

两个处理的水平对比问题属于统计学中两个总体均值是否有显著差异的 t 检验问题。要想得到正确可靠的统计分析结果还需要正确解决以下两方面问题：

① 等方差与异方差问题。各组数据的方差都是未知的，可能相等，也可能不相等。方差相等叫作等方差，方差不相等叫作异方差。等方差或者异方差的前提条件可能会导致统计分析结论不同。

② 单侧检验还是双侧检验。单侧检验是指当要检验的是样本所取自的总体的参数值大于或小于某个特定值时，所采用的一种单方面的统计检验方法，包括左单侧检验和右单侧检验两种。若检验的是样本所取自的总体的参数值是否大于某个特定值时，则采用右单侧检验；反之，则采用左单侧检验。双侧检验只关心两个总体参数之间是否有差异。确定是单侧检验还是双侧检验需要根据专业知识来解决。譬如，根据专业知识可以认为电镀有利于提高镁合金的耐腐蚀性能，最多无效，不会对耐蚀性造成不利影响，则可以做单侧检验。否则就要做双侧检验。单侧检验也称单尾检验，双侧检验也称双尾检验。

例 2-1 设备对测量数据的影响

某一国际合作项目中研究单位涉及三个国家不同的高校、研究院所，由于所用的仪器设备型号、厂商等存在差异，因此对于设备测量的数据是否存在差异需要研究。假设是中国学者和加拿大学者，各自选择一台万能力学试验机对同一处理的一批试样测试拉伸性能，测得的数据如表 2-1 所示。试分析两台万能力学试验机是否存在显著差异。

表 2-1　两台万能力学试验机所测的抗拉强度　　　　　单位：MPa

国籍	1	2	3	4	5	6	7	8	9	10
中国	290	285	296	301	293	283	288	287	277	299
加拿大	288	289	288	304	289	291	295	287	286	289

解： 下面采用等方差和异方差两种方案进行 t 检验。

（1）双样本等方差检验

首先选择"t-检验：双样本等方差假设"，按照图 2-2 输入有关选项。如果选择区域包含变量名称（本例中指第 1 列的"中""加"），则要选中"标志（L）"，如果没有选择区域包含变量名称，则不需要选择"标志（L）"。显著水平 $\alpha=0.05$ 是默认值，不需改变。然后单击"确定"运行，得到表 2-2 的结果。从表 2-2 中可以看出，中方平均测量值为 289.9MPa，加方平均测量值为 290.6MPa，两者相差很小。再进一步看这个差异是否存在统计学上不显著性。表中"t Stat"对应的值 -0.24132 就是 t 检验量的值。

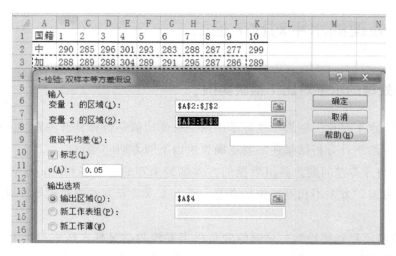

图 2-2　双样本等方差检验菜单

表 2-2　t-检验：双样本等方差假设

项目	中国	加拿大	项目	中国	加拿大
平均	289.9MPa	290.6MPa	t Stat	-0.24132	
方差	55.87778	28.26667	P（$T \leqslant t$）单尾	0.406019	
观测值	10	10	t 单尾临界	1.734064	
合并方差	42.07222		P（$T \leqslant t$）双尾	0.812038	
假设平均差	0		t 双尾临界	2.100922	
df	18				

① 单侧检验　表 2-2 中 "P ($T\leqslant t$) 单尾" "t 单尾临界" 是单侧检验的结果，分别是用 P 值法和临界值法做检验的结果，两者的检验结论是相同的，数学关系是等价的。

P 值法中 "P ($T\leqslant t$) 单尾" $=0.406019$ 是检验的显著性概率值，简称 P 值。本例中表示判定中、加双方设备显著差异所犯错误的概率，这个错误是指两者不存在显著差异而判定差异显著的错误，即弃真错误。在显著性检验中，对给定的显著性水平 α，当 $P\leqslant\alpha$ 就拒绝原假设。本例 $P=0.406019>\alpha=0.05$，因此接受原假设，即两者不存在显著差异。

再看临界值法，"t 单尾临界"（1.734064）是检验的临界值，但是在 Excel 软件以及其他各种统计软件中，都不需要事先指定单侧检验的方向，因此给出的单侧检验临界值都是右侧正的临界值，这时需要使用者自己判定检验的方向。当 t 小于等于临界值时就拒绝原假设。本例 $|t|=0.24132$ 小于 "t 单尾临界"（$=1.734064$），因此接受原假设，认为两者不存在显著差异。

可以看到，对给定的显著性水平 α，P 值法和临界法两种判断方式的结论是一致的。但是用 P 值法更方便，与临界值法相比有几个优点。首先，P 值的数值与显著性水平 α 无关，更改显著性水平 α 时不需要重新计算，而临界值则与显著性水平 α 有关，更改显著性水平时就要重新计算或查表。其次，P 值表示概率，概率具有可比性，对不同的统计量和不同的自由度，都可用 P 值反映检验的效果。最后，P 值就是犯弃真错误的概率，由 P 值可以更准确地看出检验的效果。P 值法的缺点是不适合手工计算。但是在所有的统计软件中，对检验问题都会计算出 P 值。因此后续只用 P 值法。

② 双侧检验　表 2-2 中 "P ($T\leqslant t$) 双尾" $=0.812038>\alpha=0.05$，因此接受原假设，即两者不存在显著差异。

本例中单侧检验和双侧检验的结论是一致的，但需要注意这种一致性不具有普遍意义，即单侧检验和双侧检验的结论会出现不一致的情况。

(2) 双样本异方差检验

选择 "t-检验：双样本异方差假设"，结果如表 2-3 所示。

① 单侧检验　表 2-3 中 "P ($T\leqslant t$) 单尾" $=0.4>\alpha=0.05$，因此接受原假设，即两者不存在显著差异。

② 双侧检验　表 2-3 中 "P ($T\leqslant t$) 双尾" $=0.8>\alpha=0.05$，因此接受原假设，即两者不存在显著差异。

表 2-3　t-检验：双样本异方差假设

项目	中国	加拿大	项目	中国	加拿大
平均	290MPa	290.6MPa	t Stat	0	
方差	56	28.26667	P ($T\leqslant t$) 单尾	0.4	
观测值	10	10	t 单尾临界	1.7	
假设平均差	0		P ($T\leqslant t$) 双尾	0.8	
df	16		t 双尾临界	2.1	

2.2.2 正确判断两个处理水平对比 *t* 检验的实验条件

t 检验问题有很多不同的使用条件，在不同的条件下得到的检验结果是有差异的，因此在分析实验数据时，需要正确判断实验的条件。正确选择检验条件首先是根据专业知识，其次是借助统计检验。检验条件包括：选择单侧检验还是双侧检验；选择等方差分析还是异方差分析；样本量大小。

（1）选择单侧检验或双侧检验的方法

仔细观察以上两个检验的 *P* 值可以发现，不管是等方差还是异方差，双侧检验 *P* 值都是单侧检验 *P* 值的 2 倍。而 *P* 值越小检验就越显著，因此单侧检验的效率比双侧检验要高，其道理也是显而易见的。是否单侧检验需要根据专业知识来确定，譬如在做提高产品耐腐蚀的电镀配方研究的时候，认为这种新的电镀配方至多无效，而不会降低产品的耐腐蚀性能，这是一个有用的信息。因此单侧检验是结合了专业信息和样本的信息而做出的判断，检验的效率比双侧检验要高。如果根据专业知识认为单侧检验是合理的，就要采用单侧检验。

在实际应用中不必先写出左侧检验和右侧检验，而是可以和本例一样直接用软件计算出统计结果，分析这个结果说明了什么问题，根据这个结果可做出什么判断。以电镀配方研究为例，具体分为以下几种情况。

① 当使用新的电镀配方后产品单位时间内腐蚀失重平均值小于对比组（不做电镀，原始表面）的平均值时，需要解决的问题是判断这个差异程度是否达到统计学的显著程度。首先根据专业知识认为该电镀配方不会对耐腐蚀性能产生不利的影响，可以采用单侧检验。如果单侧检验的 *P* 值<0.05，就可以（以显著性水平 $\alpha=0.05$）判定该电镀配方对耐腐蚀性能是显著有效的。这已经回答了所关心的问题，同时回避了左侧检验和右侧检验的问题。

② 假如使用新的电镀配方后产品单位时间内腐蚀失重平均值小于对比组（不做电镀，原始表面）的平均值，但单侧检验的 *P* 值>0.05，这表明根据目前的实验数据还不能说明该电镀配方对耐腐蚀性能是显著有效的。

③ 假如使用新的电镀配方后产品单位时间内腐蚀失重平均值大于对比组（不做电镀，原始表面）的平均值。这时即使不懂统计的人也知道这种电镀配方无效甚至加速腐蚀。如果确实关心这种电镀配方是否真是种加速腐蚀剂，只需要再看看 *P* 值。假如双侧检验的 *P* 值≤0.05，就可以判定该电镀配方确实是一种加速腐蚀剂。假如双侧检验的 *P* 值>0.05，就不能认为该电镀配方是加速腐蚀剂。为什么不用单侧检验的 *P* 值而改用双侧检验的 *P* 值，因为这时的单侧检验是以专业知识的前提条件该电镀配方不会降低耐腐蚀性能计算出来的，而现在这个前提条件与统计结果不符，所以需要用双侧检验，双侧检验是不需要专业知识前提的。

再次强调的是，双侧检验的 *P* 值就是单侧检验 *P* 值的 2 倍。在用统计软件作假设检验时，如果需要做单侧检验而软件给出的是双侧检验的 *P* 值，这时只需要把双侧检验的 *P* 值除以 2。如果需要做双侧检验而软件给出的是单侧检验的 *P* 值，这时只需要把单侧检验的 *P*

值乘以 2。

（2）等方差和异方差

本例中两个处理的样本数相同，是平衡实验。平衡实验是指两个处理样本数相同的实验。平衡实验用异方差和等方差计算出的 t 统计量数值是相同的，只是自由度不同，这时两种方法的结果就比较接近。当两个处理的样本量不等时则是不平衡实验，不平衡实验用异方差和等方差计算出的 t 统计量数值是不相同的。因此实验设计中通常要求做平衡实验。

两个或多个处理下方差相等的情况称为方差齐性。从严格的意义上说，任何两个处理的方差都不会完全相同。方差齐性也只是认为两个处理的方差相差不大，其方差的差异程度不足以影响统计分析结果的正确性，这时采用平衡实验还能够进一步降低方差的差异对统计分析结果的影响。在方差齐性的前提下，平衡实验的统计效率是最高的。如果实验前能够确认方差是非齐性的，则应该对方差大的处理分配较大的样本量。

实际应用中多数情况方差是齐性的。在实验的处理数目多于两个时要使用方差分析比较多个处理间平均水平的差异，而方差分析的前提条件是方差齐性，所以等方差的假设是普遍的。

（3）样本量

样本量的大小对检验结果的影响是重要的，并且有多方面的影响。

① 样本量与正态假设。统计学的很多方法都是建立在总体服从正态分布的基础上，按要求首先要检验总体是否服从正态分布，即进行正态性检验。然而当样本量较小，各种正态性检验的效率都比较低，不能正确识别总体分布的正态性。从专业角度看，正态分布就是"正常状态下的分布"，譬如一个班上学习成绩特别优秀和特别差的都是少数，而中等的是大多数，这样的学习成绩分布就是一个正态分布。实验设计中遇到的多数问题都是正常状态下的数据，实验指标也就服从正态分布。小样本时，只要实验满足随机化原则，不论总体是否服从正态分布，各种非参数检验方法与 t 检验结论总是很接近，这一结论对方差分析等其他需要正态假定的统计分析方法也是适用的。当样本量较大时正态性检验的效率也比较高，可以有效地判断数据是否来自正态分布。但是根据中心极限定理，在大样本量时，即使总体的分布不是正态分布，而有关的统计量（例如样本均值、样本方差）的分布却能够近似为正态分布，这时做正态性检验也没有必要。

② 样本量与检验的效率。检验的效率与样本量有关，样本量大检验的效率就高，样本量小检验的效率就低。

例 2-2 样本量对检验效率的影响

某健美俱乐部声称他们创建的减肥训练方法可以快速见效，只需要 3 天时间体重就可以明显减轻。他们举办的第一期训练班共有 5 名学员，训练前后的体重如表 2-4 所示。这 5 名学员训练前的平均体重是 88.696kg，参加 3 天训练后的平均体重是 83.48kg，平均每人减掉 $88.696 - 83.48 = 5.216$（kg），从直观上看减肥的效果是显著的。从统计学上能否认为该俱乐部的减肥训练可以快速见效？

表 2-4　健美班减肥前后体重　　　　　　　　　　　　　　单位：kg

训练前	训练后	训练前	训练后
89.7	80.3	102.5	87.4
55.2	58.6	107.5	104.5
88.58	86.6		

解：为从统计学上检验该俱乐部的减肥训练有效性，进一步做统计学的显著性检验。由于是成对出现的双样本（即同一个人减肥训练前后的体重），因此采用"t-检验：成对双样本均值分析"，结果如表 2-5 所示。

表 2-5　t-检验：成对双样本均值分析

项目	训练前	训练后	项目	训练前	训练后
平均	88.696kg	83.48kg	t Stat	1.629932	
方差	416.7861	274.017	$P(T \leq t)$ 单尾	0.089225	
观测值	5	5	t 单尾临界	2.131847	
泊松相关系数	0.946308		$P(T \leq t)$ 双尾	0.178449	
假设平均差	0		t 双尾临界	2.776445	
df	4				

从专业角度判断该训练不会导致体重增加，因此采用单侧检验。单侧检验的 P 值＝0.089225＞0.05，所以在显著性水平 $\alpha = 0.05$ 时，不能认为这种训练方法能够快速见效。

在这个问题中平均每人减掉体重 5.216kg，从直观上看减肥的效果是显著的，但是从统计学上看减肥的效果还不够显著，其原因就是样本量 $n = 5$ 太小。应该增加样本量，重新做检验。

现在第 2 期学员又有 10 人参加了减肥训练，两期共 15 名学员的体重数据和检验结果见表 2-6，平均每人减掉 95.519－90.327＝5.192（kg），略小于第 1 期的平均值 5.216kg。再做"t-检验：成对双样本均值分析"，这时单侧检验的 P 值 0.007＜0.05，在显著性水平 $\alpha = 0.05$ 时认为这种训练方法能够快速见效。

比较两次检验的结果，第 1 期 5 名学员平均每人减掉体重 5.216kg，但是从统计学上看减肥的效果不显著。前两期累计 15 名学员平均每人减掉体重 5.192kg，略小于第 1 期的平均值 5.216kg，而统计效果却显著，这就是样本量对检验效率的影响。

样本量大时检验的效率就高，它可以把细微的差异检查出来，但是这并不总是需要的，很多场合不同处理间的细微差异在专业角度并没有意义。这时对统计检验往往不是简单地关心两个处理间是否存在差异，而是关心差异是否达到某个界限。例如某公司同一种零件分别在甲、乙两地生产，要求两地生产的零件电镀层的厚度平均相差不超过 $5\mu m$。从两地生产的零件中分别随机抽选 100 个零件进行测量。对这个问题需要使用"t-检验：双样本异方差假设"命令做检验，如果从计算结果中看到，甲、乙两地电镀层厚度的双侧检验 P 值大于

0.05，则不能认为两地生产的零件电镀层的平均厚度之差超过 $5\mu m$，两地目前的生产符合生产的要求。

表 2-6　第二次减肥总数据与分析

训练前/kg	训练后/kg	t-检验：成对双样本均值分析		
89.7	80.3			
55.2	58.6	项目	训练前	训练后
88.58	86.6	平均	95.519kg	90.327kg
102.5	87.4	方差	533.2001	407.2264
107.5	104.5	观测值	15	15
70	68.9	泊松相关系数	0.955303	
94.5	87	假设平均差	0	
112.6	102.2	df	14	
83.3	82.6	t Stat	2.840051	
100.1	101.2	$P（T\leqslant t）$ 单尾	0.006552	
81.4	72.5	t 单尾临界	1.76131	
132.4	134.6	$P（T\leqslant t）$ 双尾	0.013105	
99.6	94.2	t 双尾临界	2.144787	
143.6	121.6			
71.8	72.7			

③ 样本量与检验的条件。等方差的检验效率高于异方差，当样本量较小时两种检验的效率相差较大，但是在大样本（每个处理的样本量都大于 30）的场合，两种检验的效率就很接近了，这时推荐用异方差检验。这是因为等方差假设总是近似的，其检验结果属于"软结论"，而在大样本量时两者的检验效率既然很接近当然就使用异方差检验的"硬结论"。实际上，在做两个处理差异的，不论样本量大小，检验时都可以先做异方差条件下的 t 检验，如果异方差检验的结果已经能够认为两个处理间的差异显著，这时就不必再做等方差检验了。如果异方差检验不能认为两者差异显著，则看方差齐性是否满足，如满足则再做等方差检验。

2.3　多处理对比的方差分析

多处理对比方差分析的基本思想是：首先从数量上将因素对指标的影响和误差对指标的影响加以区分并做出估计，然后将它们进行比较，从而做出因素对指标的影响是否显著或因素各水平之间的差异是否显著的推断。

单因素方差分析是指对单因素试验结果进行分析，检验因素对实验结果有无显著性影响的方法。单因素方差分析是两个样本平均数比较的引申，用来检验多个平均数之间的差异，从而确定因素对实验结果有无显著性影响的一种统计方法。在一项实验中如果只有一个因素的水平在改变，实验的目的在于比较各水平上指标值之间的差异，这就是单因素问题。

很多实际问题中常常需要考虑多个因素对指标的影响。例如，要同时考虑热处理保温温度和保温时间对金属屈服强度是否有显著影响。这里涉及保温温度和保温时间两个因素。多因素方差分析与单因素方差分析的基本思想是一致的，不同之处就在于各因素不但对实验指标起作用，而且各因素不同水平的搭配也对实验指标起作用。统计学上把多因素不同水平的搭配对实验指标的影响称为交互作用，交互作用的效应只有在有重复的实验中才能分析出来。对于双因素实验的方差分析分为无重复和可重复实验两种情况。对无重复实验只需要检验两个因素对实验结果有无显著影响；而对可重复实验还要考察两个因素的交互作用对实验结果有无显著影响。

方差分析的内容非常丰富，本章主要介绍使用 Excel 如何处理单因素方差分析和两因素方差分析的问题。

2.3.1　单因素方差分析

例 2-3　热处理温度对 AZ31 镁合金抗拉强度的影响

考察热处理温度对 AZ31 镁合金抗拉强度的影响，共设计了 4 种热处理温度。每种温度取 8 根试样，结果如表 2-7 所示。判断是否不同热处理温度的 AZ31 镁合金抗拉强度存在显著差异。

表 2-7　热处理工艺对 AZ31 镁合金抗拉强度的影响　　　　单位：MPa

序号	200℃	250℃	300℃	350℃
1	255	265	236	263
2	236	276	254	257
3	221	235	269	242
4	227	267	227	236
5	215	264	226	251
6	236	252	267	239
7	247	263	236	276
8	239	274	274	226

解：由于只考虑热处理温度的影响，因此属于单因素实验设计。

启动 Excel 软件，输入实验数据。在"数据"菜单中点击"数据分析"，启动分析界面，如图 2-3 所示。选择"方差分析：单因素方差分析"，点"确定"。在弹出的"方差分析：单因素方差分析"对话框中，"分组方式"选择"列"（如果是每一行数据代表一种热处理工艺结果的话则应选择"行"），"输出选项"选择"输出区域"。点击图 2-4 中的 1 处 ，在弹出的对话框中用鼠标选择所有的数据，点 。点击图 2-4 中的 2 处 ，在弹出的对话框中用鼠标选择不包括数据的空单元，点 。点"确定"，则给出如表 2-8 所示的结果。

图 2-3　Excel 软件"数据分析"工具界面

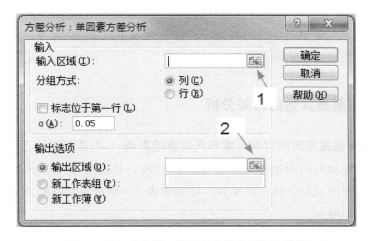

图 2-4　"方差分析：单因素方差分析"对话框

表 2-8　方差分析：单因素方差分析

SUMMARY

组	观测数	求和	平均	方差
列 1	8	1876	234.5	174.2857
列 2	8	2096	262	172.5714
列 3	8	1989	248.625	389.125
列 4	8	1990	248.75	262.7857

方差分析

差异源	SS	df	MS	F	P	F crit
组间	3026.594	3	1008.865	4.040437	0.016606	2.946685
组内	6991.375	28	249.692			
总计	10017.97	31				

单因素方差分析结果输出分为两部分。第一部分是"SUMMARY",即简单的汇总,包括各工艺下的平均值和方差。第二部分为方差分析表,包括差异源、离差平方和、自由度、均差、F 统计值和 P 值。

第 1 列是差异源,其中组间表示处理之间,反映因素各水平之间的差异。组内反应处理内的差异,即随机误差。

第 2 列 SS 是离差平方和,组间离差平方和 SSA,也就是因素 A 的离差平方和。

第 3 列 df,等于因素水平数减 1。

第 4 列 MS,也就是方差,等于离差平方和除以均差。

第 5 列,等于因素的均差除以误差的均差。可以用 F 值与第 7 列的 F crit 比较来判定各处理间差异是否显著。当 $F \geqslant F$ crit 时差异显著。本例中 $F > F$ crit,差异显著。

第 6 列 P 表示认为一个因素各水平有显著差异时犯错误的概率。P 值越小则该因素水平间的差异越显著。本例中 $P = 0.016606$,在显著性水平 0.05 时认为因素各水平间有显著差异,与用临界值判断的结论是一致的。

2.3.2 两因素不重复实验的方差分析

例 2-4 热处理温度与时间对铜合金布氏硬度的影响 (不重复实验)

考察热处理温度与时间对铜合金布氏硬度的影响,共设计了 4 个热处理温度和三种时间,每种温度和时间的组合各做一次实验。结果如表 2-9 所示,试判断热处理温度和时间对硬度值是否有显著影响?

表 2-9 热处理工艺对铜合金布氏硬度 (HBS) 的影响

时间	200℃	250℃	300℃	350℃
1h	58.2	49.1	60.1	75.8
2h	56.2	54.1	70.9	58.2
3h	65.3	51.6	39.2	48.7

解: 由于需要考虑热处理温度和时间的影响,属于两因素实验设计。

启动 Excel 软件,将实验数据输入。在"数据"菜单中点击"数据分析",启动分析界面。

选择"方差分析:无重复双因素分析",点"确定"。在弹出的对话框中,"分组方式"选择"列"(如果是每一行数据代表一种热处理工艺结果的话则应选择"行"),"输出选项"选择"输出区域"。按照例 2-3 相同的方法选择实验数据和空单元,获得如表 2-10 所示的结果。

表 2-10　方差分析：无重复双因素分析

SUMMARY	观测数	求和	平均	方差
行 1	4	243.2	60.8	123.0
行 2	4	239.4	59.9	57.1
行 3	4	204.8	51.2	116.4
列 1	3	179.7	59.9	22.9
列 2	3	154.8	51.6	6.3
列 3	3	170.2	56.7	259.7
列 4	3	182.7	60.9	189.1

方差分析

差异源	SS	df	MS	F	P	F crit
行	223.8	2	111.9	0.917	0.449	5.14
列	157.6	3	52.5	0.431	0.739	4.76
误差	732.0	6	122.0			
总计	1113.417	11				

由 P 值可知温度和时间对于硬度都没有显著影响。

2.3.3　两因素等重复实验的方差分析

在实验中有时不仅考虑因素对指标的影响，还要考虑两个因素之间不同的水平搭配对指标的影响，即交互作用对指标的影响。考虑交互作用是否存在是两因素实验方差分析与单因素实验方差分析的一个很大的区别，有助于在进行两因素实验和分析时得出更精确的结论。

例 2-5　热处理温度与时间对铜合金布氏硬度的影响（重复实验）

设在例 2-4 中，对各保温温度和时间组合测两次硬度，结果如表 2-11 所示。试问保温温度和保温时间对铜合金布氏硬度的影响有无显著差异？如果希望硬度值越高越好，哪种搭配较好？

表 2-11　热处理工艺对铜合金布氏硬度（HBS）的交互影响

时间	200℃	250℃	300℃	350℃
1h	58.2	49.1	60.1	75.8
	52.6	42.8	58.3	71.5
2h	56.2	54.1	70.9	58.2
	41.2	50.5	73.2	51.0
3h	65.3	51.6	39.2	48.7
	60.8	48.4	40.7	41.4

解：对于这类数据处理时，需要将各个温度和时间包括在内，"每一样本的行数"就是重复实验的次数，本例中同一保温温度和保温时间的硬度值有两个，因此"每一样本的行数"为 2。如图 2-5 所示。

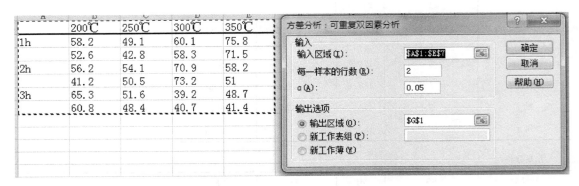

图 2-5　可重复双因素方差分析

计算结果如表 2-12 所示。表中的"样本"是指行因素，即时间。"列"是指温度因素。"内部"是指误差项。"交互"项指交互作用。

表 2-12　方差分析：可重复双因素分析

SUMMARY	200℃	250℃	300℃	350℃	总计
1h					
观测数	2	2	2	2	8
求和	110.8	91.9	118.4	147.3	468.4
平均	55.4	45.95	59.2	73.65	58.55
方差	15.68	19.845	1.62	9.25	120.09
2h					
观测数	2	2	2	2	8
求和	97.4	104.6	144.1	109.2	455.3
平均	48.7	52.3	72.05	54.6	56.91
方差	112.5	6.48	2.645	25.92	113.42
3h					
观测数	2	2	2	2	8
求和	126.1	100	79.9	90.1	396.1
平均	63.05	50	39.95	45.05	49.51
方差	10.125	5.12	1.125	26.65	90.39
总计					
观测数	6	6	6	6	
求和	334.3	296.5	342.4	346.6	
平均	55.72	49.42	57.07	57.77	
方差	68.91	14.56	209.89	181.97	

续表

方差分析

差异源	SS	df	MS	F	P	F crit
样本	370.98	2	185.49	9.39	0.0035	3.89
列	261.67	3	87.23	4.42	0.0259	3.49
交互	1768.69	6	294.78	14.93	6.15E−05	2.99
内部	236.9	12	19.75			
总计	2638.298	23				

由此可见，温度影响显著，时间与交互作用都特别显著。从 SUMMARY 可见温度 350℃与时间 1h 搭配时硬度值最高，效果最好。

2.3.4　有关方差分析的两个问题

① 关于 P 值。P 值是个概率值，表示认为一个因素各水平有显著差异时犯错误的概率。在多因素实验设计中，可以进一步用 P 值表示各因素对实验的影响程度或者说因素在实验中的重要性。P 值越小就认为该因素越重要，反之 P 值越大就表示这个因素越不重要。

一般取 P 值的界限为 0.01、0.05 和 0.20 这 3 个档次，因素的重要性与 P 值的关系如下：

$0 \leqslant P \leqslant 0.01$，高度显著，非常重要；

$0.01 < P \leqslant 0.05$，显著，重要；

$0.05 < P \leqslant 0.20$，显著性很弱，弱影响；

$0.20 < P \leqslant 1$，不显著，没有影响。

② 关于误差项的合并。为了增加误差项的自由度，把不显著的因素合并到误差项之中，可以增加其他因素的显著性。把不显著的因素和交互作用合并到误差项之中，使其他因素和交互作用的显著性增加这是多因素方差分析的通用做法。至于哪些项应该合并到误差项之中，并没有一个统一的标准，一般是把均方小于误差项的均方或者 P 值大于 0.20 的项合并到误差项之中。只要该项合并到误差项之中后，其他项的 P 值都能够减小，就合并该项。需要注意的是，不论用哪一个准则，原则上说每次只能合并一个 P 值最大的项，而不能同时合并几个不显著项。对于正交实验设计，合并误差项后其他因素的离差平方和不变，因此同时把几个显著性很低的项合并到误差项中也是可行的。

习　题　2

2.1 方差分析的作用是什么？

2.2 表 1 中给出了三个表面处理配方下 AZ31 镁合金在 5% NaCl 溶液中浸泡 24h 后的失重质量（单位：mg），分析这三种配方对于提高 AZ31 镁合金耐 5% NaCl 溶液腐蚀方面是否有显著差异？

表 1　AZ31 镁合金在 5% NaCl 溶液中浸泡 24h 后的失重质量　　单位：mg

配方	测量值					
1	403	311	269	336	259	310
2	312	222	302	402	420	386
3	403	244	353	235	319	260

2.3 AZ91D 镁合金进行微弧氧化处理可提高其耐腐蚀性能，采用 4 种电流密度和 3 种时间长度进行处理，AZ91D 镁合金表面陶瓷层厚度结果如表 2 所示。问电流密度和时间对表面陶瓷层厚度影响是否显著？

表 2　AZ91D 镁合金微弧氧化的陶瓷层厚度　　单位：μm

时间	10A/m²	15A/m²	20A/m²	25A/m²
1min	50	47	47	53
2min	63	54	57	58
3min	52	42	41	48

2.4 对 7075 铝合金进行热处理，对于各热处理温度与时间的组合均取 2 组试样，每组 3 根试样，各组屈服强度平均值如表 3 所示。试问热处理温度和时间对其屈服强度是否有显著影响？交互作用是否显著？

表 3　热处理对 7075 铝合金屈服强度的影响　　单位：MPa

时间	250℃	300℃	350℃	400℃
2h	270	168	235	226
	330	176	195	213
4h	170	174	167	341
	214	156	150	256
6h	190	314	163	317
	201	229	145	318
12h	272	351	149	222
	185	315	182	219

第3章

回归分析

 本章教学重点

知识要点	具体要求
一元线性回归分析	掌握一元线性回归分析的步骤、Excel 线性拟合的操作过程、对回归结果的评价方法
一元非线性回归分析	掌握一元非线性回归分析的步骤、Excel 操作过程、对回归结果的评价方法、常见一元非线性方程转换为一元线性方程的方法
多元线性回归分析	掌握多元线性回归分析的步骤、Excel 拟合的操作过程、对回归结果的评价方法
多元非线性回归分析	掌握多元非线性回归分析的步骤、Excel 拟合的操作过程、对回归结果的评价方法
逐步回归分析	了解逐步回归分析的主要思路和主要计算步骤；掌握 SPSS 进行逐步回归分析的操作过程、对回归结果的评价
神经网络	了解神经网络、神经元等基本概念，神经网络的基本特征，误差反向传播神经网络基本思路；掌握 BP 神经网络的 Matlab 工具箱函数及编程

生产管理和科学研究中经常遇到各种不同的变量，并且一些变量之间还存在着一定的关系。这种关系一般说来可分为确定性关系与非确定性关系两类。确定性关系是指变量间具有确定性函数关系，即可唯一地由一个或多个变量来确定另外一个变量。例如，受拉伸力 F 作用下，一个横截面面积 A 的均质棒材横截面上应力 σ 具有函数关系 $\sigma = F/A$，即当 F、A 的值取定时，σ 的值便完全确定。非确定性关系则不然，例如，亚共析碳钢的屈服强度 $R_{0.2p}$ 与碳含量 C 的关系，一般地说，C 越高，亚共析碳钢 $R_{0.2p}$ 愈高，但是 C 相同者，亚共析碳钢 $R_{0.2p}$ 不一定相同。再比如经过热处理的碳钢，其强度与含碳量、保温温度、保温时间、

冷却速度有关，但是，含碳量、保温温度、保温时间、冷却速度相同时，处理后的碳钢强度并不一定相同，而是会在一定范围内波动。把变量之间这种既有关，但又不能由一个或几个变量之值完全确定出另一个变量之值的关系称为相关关系。

回归分析正是研究和处理变量之间相关关系的一种数理统计方法，它不仅可以提供变量间相关关系的数学表达式，而且可以利用概率统计基础知识，对此关系进行分析，来判别所建立的经验公式的有效性。此外，还可以利用所得的经验公式，根据一个或几个变量的值，预测或控制另一个变量的取值，并且可给出这种预测或控制可达到什么样的精确程度，最后进行因素分析。例如在对于共同影响一个变量的许多因素之间，找出哪些是重要因素，哪些是次要因素，这些因素之间又有什么关系，等等。

回归分析有着广泛的应用。实验数据的一般处理、经验公式的求得、因素分析，产品质量的控制、某些新标准的制定、各种现象的统计预报、自动控制中数学模型的确定、数据挖掘以及其他许多场合，回归分析都是一种非常有用的工具。

处理多个变量之间的相关关系称为多元回归分析，处理两个变量之间的关系称为一元回归分析。若两个变量间成线性关系，则称为线性回归。如果变量之间不具有线性关系，则称为非线性回归。

本章主要涉及一元线性回归、一元非线性回归、多元线性回归、多元非线性回归和逐步回归分析。在记号上，为了方便，将随机变量 Y（因变量）与其取值一律记为小写 y，随机变量 X 与可控变量 x 记为小写 x，请注意区分其含义。

回归分析所涉及的最小二乘法、相关系数计算、方差计算等需要大量的计算，为提高效率，本章侧重介绍如何使用 Excel 进行一元线性回归、一元非线性回归、多元线性回归、多元非线性回归。由于使用 Excel 软件进行逐步回归分析较为复杂，因此在逐步回归分析时将使用简单易用的 SPSS 软件。在生活与工作中要善于使用合适的工具解决不同的问题。

此外，回归分析很多时候会涉及预测问题，因此本章最后介绍了基于 Matlab 的神经网络预测方面的知识。

3.1 一元线性回归分析

一元线性回归是最简单的一种回归分析，主要处理两个变量 x（自变量）与 y（因变量）之间的线性相关关系，也就是常说的配经验直线或找经验公式的问题。

一元线性回归分析的步骤为：

① 将原始实验数据绘制散点图；

② 根据散点图初步确定是否是线性关系；

③ 如果是线性关系，则采用 Excel 进行线性拟合。如果不是则不能线性回归。

下面以实例来介绍如何使用 Excel 进行线性拟合。

例 3-1　氮含量对铁合金溶液初生奥氏体析出温度的影响

为了研究氮含量对铁合金溶液初生奥氏体析出温度的影响，测定了不同氮含量时铁合金溶液初生奥氏体析出温度, 得到表 3-1 所示的 5 组数据。试对氮含量 x 对铁合金溶液初生奥氏体析出温度 y 的影响进行线性回归。

表 3-1　氮含量与灰铸铁初生奥氏体析出温度测试数据

序号	氮含量 $x/\%$ （质量分数）	初生奥氏体析出温度 $y/℃$
1	0.0043	1220
2	0.0077	1217
3	0.0087	1215
4	0.0100	1208
5	0.0110	1205

　　解：如果把氮含量作为横坐标, 把初生奥氏体析出温度作为纵坐标, 将这些数据标在平面直角坐标上, 则得图 3-1, 这种图称为散点图。从图 3-1 可以看出, 数据点基本落在一条直线附近。这说明变量 x 与 y 的关系大致可看作是线性关系, 即它们之间的相互关系可以用线性关系来描述。但是由于并非所有的数据点完全落在一条直线上, 因此 x 与 y 的关系并没有确切到可以唯一地由一个 x 值确定一个 y 值的程度。还有其他因素, 诸如其他微量元素的含量以及测试误差等都会影响 y 的测试结果。如果要研究 x 与 y 的关系, 可以作线性拟合:

$$y = a + bx \tag{3-1}$$

　　称式 (3-1) 为回归方程, a 与 b 是待定常数, 称为回归系数。从理论上讲, 式 (3-1) 有无穷多组解, 回归分析的任务是求出其最佳的线性拟合。当取得一系列具有相关关系的 x 和 y 两个变量的数据后, 建立直线回归模型的关键就是正确计算回归模型中的待定常数 a 和 b。

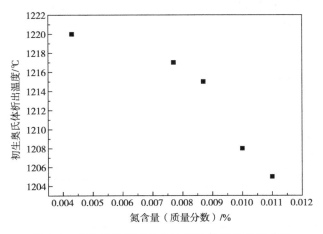

图 3-1　氮含量与灰铸铁初生奥氏体析出温度关系

　　由于对应于 x 有许多个实际值, 通过 x 与 y 的各对数值也就可能有多条直线。其中, 最具有代表性的无疑应该是实际值同这条直线平均离差最小的直线, 也即 $\sum(y_i - \bar{y})^2$ 最小。

为满足这一要求，可以用最小平方法来求解待定常数 a 和 b。根据微分学求极值的原理，分别对 a 和 b 求偏导，并令其为零，求得两个标准方程式：

$$\sum y = na + b\sum x \tag{3-2}$$

$$\sum xy = a\sum x + b\sum x^2 \tag{3-3}$$

然后解标准方程，可求得 a 和 b 两个未知参数：

$$a = \bar{y} - b\bar{x} \tag{3-4}$$

$$b = \frac{\sum xy - \bar{y}\sum x}{\sum x^2 - \bar{x}\sum x} = \frac{\overline{xy} - \bar{y}\bar{x}}{\overline{x^2} - (\bar{x})^2} \tag{3-5}$$

其中 $\bar{x} = \dfrac{\sum_{i=1}^{n} x_i}{n}$，$\bar{y} = \dfrac{\sum_{i=1}^{n} y_i}{n}$。

对于任意两个变量 x 和 y 的一组数据，都可以用最小二乘法回归出一条直线。但只有当 y 和 x 之间存在着线性关系时，配出的回归直线才有意义，才能用于生产实践中。判断两个变量之间存在线性关系（即显著性检验）的方法有方差分析法和相关系数 R 检验法。在很多软件中都会给出方差分析结果、相关系数 R，在此以 Excel 回归结果进行简单的介绍。

图 3-2 为例 3-1 的回归结果。"回归统计"部分，Multiple R 表示 x 和 y 的相关系数 R，一般在 $-1\sim1$，绝对值越靠近 1 则相关性越强，越靠近 0 则相关性越弱。R Square 表示 x 和 y 的相关系数 R 的平方，表达自变量 x 解释因变量 y 变差的程度，以测定量 y 的拟合效果。Significance F 对应的是在显著性水平下的 F_a 临界值，其实等于 P 值，即弃真概率。所谓"弃真概率"即模型为假的概率，显然 $1-P$ 便是模型为真的概率。可见，P 值越小越好。如 $P = 0.0000000542 < 0.0001$，故置信度达到 99.99% 以上。标准误差：用来衡量拟合程度的大小，也用于计算与回归相关的其他统计量，此值越小，说明拟合程度越好；观察值：用于训练回归方程的样本数据有多少个。

SUMMARY OUTPUT

回归统计	
Multiple R	0.9192957
R Square	0.8451046
Adjusted R Square	0.7934728
标准误差	2.8561907
观测值	5

方差分析

	df	SS	MS	F	Significance F
回归分析	1	133.5265	133.5265	16.36791	0.027186318
残差	3	24.47348	8.157825		
总计	4	158			

	Coefficient	标准误差	t Stat	P-value	Lower 95%	Upper 95%	下限 95.0%	上限 95.0%
Intercept	1231.6535	4.784319	257.4355	1.29E-07	1216.427615	1246.879	1216.428	1246.879
X Variable 1	-2236.625	552.8364	-4.04573	0.027186	-3995.997388	-477.253	-3996	-477.253

图 3-2　例 3-1 回归结果

样本相关系数计算公式如下：

$$R = \frac{\sum_{i=1}^{n}(x_i - \bar{x})(y_i - \bar{y})}{\sqrt{\sum_{i=1}^{n}(x_i - \bar{x})^2 \sum_{i=1}^{n}(y_i - \bar{y})^2}} \tag{3-6}$$

相关系数 R 是总体相关系数的估计值，可以验证 $-1 \leqslant R \leqslant 1$，定量地描述了两个变量 x、y 之间的线性相关程度。$|R|$ 越接近 1，两者的线性关系越好。当 $|R| = 1$ 时图上的点全部落在一条直线上。当 $|R| = 0$ 时则可认为两者不存在线性关系。

$|R|$ 需要大到什么程度才能认为两个变量 x 和 y 之间有线性相关关系，即配置的回归直线才有意义呢？相关系数临界值表给出了对于不同数据对数 n 和不同显著水平 α 的比较标准，可以利用其进行检验，这种方法被称为相关系数检验法。对给定的显著水平 α，按 $f = n-2$ 的值，在相关系数临界值表中查出相应的临界值 $r_\alpha(n-2)$。若 $|R| > r_\alpha(n-2)$，则认为回归直线在 α 水平下显著。即是说，有 $1-\alpha$ 的把握认为变量 x 与 y 之间有线性相关关系，这时所配的回归直线有意义。若 $|R| \leqslant r_\alpha(n-2)$，则认为回归直线或回归方程在 α 水平下是不显著的，即是说，在显著水平 α 下，不能认为变量 x 与 y 之间存在线性相关关系。这时所配的回归直线是无实际意义的。

相关系数检验法中，$|R|$ 接近 1 的程度与样本数 n 有关，n 越小，$|R|$ 越接近 1。反之，$|R|$ 容易偏小。因此，采用方差分析等方法检验回归方程的显著性也是非常必要的。

图 3-2 的"方差分析"中给出了"F"和"Significance F"，只要 $F >$ Significance F 则回归方程显著，不管是线性回归还是非线性回归。

现在介绍采用 Excel 软件回归例 3-1 的线性方程过程。

按照第 2 章介绍的办法开启"数据分析"菜单。将表 3-1 数据输入 Excel 的工作簿中，在"数据"菜单中点击"数据分析"，启动分析界面，选择"回归"，点"确定"。在弹出"回归"对话框中（如图 3-3 所示），选择"Y 值输入区域""X 值输入区域"。再根据要求设置"标志""常数为零""置信度""输出区域""残差"等，点"确定"，结果如图 3-3 所示。可见灰铸铁初生奥氏体析出温度 y 与氮含量 x 关系为：$y = 1231.65 - 2236.63x$。$F >$ Significance F，因此回归方程显著。

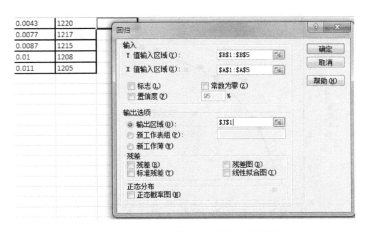

图 3-3　Excel 软件的"回归"对话框

此外，本例中 $n=5$，则 $f=5-2=3$，查附录中相关系数临界值表可知当 $\alpha=0.05$ 时 R 临界值为 0.878，而从图 3-2 可知本例中 R 值为 0.919，大于 R 临界值为 0.878，同样说明在 $\alpha=0.05$ 水平下回归方程显著。

3.2 一元非线性回归分析

在实际问题中有时两个变量之间的关系不是线性关系，而是某种曲线关系，这就需要采用一元非线性回归分析。Excel 软件的"回归"模块只能回归线性关系，因此需要先将问题转换成线性关系的求解。

例 3-2 钢包的浸蚀

出钢时所用的钢包在使用过程中由于钢水、炉渣对包衬耐火材料的浸蚀，容积随使用次数而增大，数据如表 3-2 所示。试做一元非线性回归分析。

表 3-2 钢包容积实验数据

使用次数 x	增大容积 y/cm^3	使用次数 x	增大容积 y/cm^3
2	6.41	10	10.49
3	8.20	11	10.59
4	9.58	12	10.60
5	9.50	13	10.80
6	9.70	14	10.60
7	10.00	15	10.90
8	9.93	16	10.76
9	9.99		

解：将数据标在图 3-4 中。可见开始时浸蚀速度快，然后逐渐减缓，显然钢包容积不会无限增大，必有一条平行于 x 轴的渐近线。

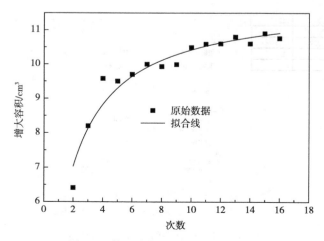

图 3-4 使用次数对钢包容积的影响

根据曲线特点，可以选用双曲线

$$\frac{1}{y} = a + \frac{b}{x} \tag{3-7}$$

Excel 软件的"回归"模块只能回归线性关系，因此需要将式（3-7）转化为线性关系。令 $y' = \frac{1}{y}$，$x' = \frac{1}{x}$，则式（3-7）可改写为：$y' = a + bx'$。

将原始数据输入 Excel 工作簿中，并增加 y' 和 x'，结果如图 3-5 所示。

x	y	x'=1/x	y'=1/y
2	6.41	0.5	0.156006
3	8.2	0.333333	0.121951
4	9.58	0.25	0.104384
5	9.5	0.2	0.105263
6	9.7	0.166667	0.103093
7	10	0.142857	0.1
8	9.93	0.125	0.100705
9	9.99	0.111111	0.1001
10	10.49	0.1	0.095329
11	10.59	0.090909	0.094429
12	10.6	0.083333	0.09434
13	10.8	0.076923	0.092593
14	10.6	0.071429	0.09434
15	10.9	0.066667	0.091743
16	10.76	0.0625	0.092937

SUMMARY OUTPUT

回归统计
Multiple	0.968132
R Square	0.937279
Adjusted	0.932454
标准误差	0.004291
观测值	15

方差分析
	df	SS	MS	F	Significance F
回归分析	1	0.003577428	0.003577	194.2667	3.40377E-09
残差	13	0.000239395	1.84E-05		
总计	14	0.003816824			

	Coefficien	标准误差	t Stat	P-value	Lower 95%	Upper 95%	下限 95.0	上限 95.0
Intercept	0.082257	0.001863923	44.13091	1.51E-15	0.078229844	0.086283	0.07823	0.086283
X Variabl	0.131625	0.009443616	13.93796	3.4E-09	0.111223053	0.152026	0.111223	0.152026

图 3-5　例 3-2 线性化处理后回归结果

对 y' 和 x' 进行线性回归，具体的操作参见例 3-1。回归结果如图 3-5 所示，即：

$$\frac{1}{y} = 0.0823 + \frac{0.1316}{x} \tag{3-8}$$

整理为：

$$y = \frac{x}{0.0823x + 0.1316} \tag{3-9}$$

从方差分析结果来看，$F >$ Significance F，因此回归方程显著。

将这个曲线绘制在图 3-4 中，基本上反映了例子两者之间变化的规律。

例 3-3　热压缩试验中试样鼓肚尺寸与变形量之间的关系

热压缩试验是材料塑性成形常用的研究手段之一，通过热压缩试验可以获得材料在高温下的流变曲线、成形性能等，从而可以帮助科研工程人员确定工艺参数等。在热压缩过程中试样会出现"鼓肚"现象。现建立 7075 铝合金热压缩过程中"鼓肚"尺寸与工程应变之间的关系，数据如表 3-3 所示。

表 3-3　7075 铝合金热压缩过程中"鼓肚"尺寸与工程应变之间的关系

工程应变/%	最大横截面面积/mm²	工程应变/%	最大横截面面积/mm²
10	8.71	40	67.16
20	23.53	50	88.42
30	40.28	60	130.65

解：将数据标在图 3-6 中。

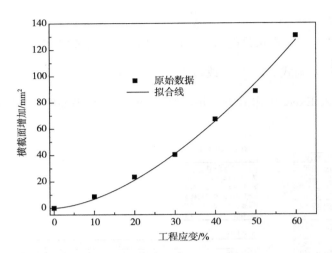

图 3-6　7075 铝合金热压缩过程中鼓肚尺寸与工程应变之间的关系

根据曲线特点，可以选用 Allometric 模型：

$$y = ax^b \tag{3-10}$$

对式（3-10）线性化，两边取对数，即：

$$\ln y = \ln a + b \ln x \tag{3-11}$$

令 $y' = \ln y$，$x' = \ln(x)$，$a_0 = \ln a$，式（3-11）可转化为

$$y' = a_0 + bx' \tag{3-12}$$

将原始数据输入 Excel 工作簿中，并增加 y' 和 x'，结果如图 3-7 所示。

y		x'	y'	SUMMARY OUTPUT					
8.7113		2.302585	2.164621						
23.5305		2.995732	3.158297	回归统计					
40.2831		3.401197	3.695932	Multiple	0.998583978				
67.155		3.688879	4.207003	R Square	0.997169962				
88.4173		3.912023	4.482068	Adjusted	0.996462452				
130.645		4.094345	4.872484	标准误差	0.058699771				
				观测值	6				
				方差分析					
					df	SS	MS	F	gnificance F
				回归分析	1	4.856346	4.856346	1409.408346	3.01E-06
				残差	4	0.013783	0.003446		
				总计	5	4.870129			
					Coefficients	标准误差	t Stat	P-value	Lower 95%Upper 95%下限 95.0上限 95.0%
				Intercept	-1.2920195	0.136776	-9.44626	0.000700393	-1.67177 -0.91227 -1.67177 -0.91227
				X Variabl	1.487270241	0.039616	37.54209	3.00626E-06	1.377278 1.597262 1.377278 1.597262

图 3-7　例 3-3 线性化处理后回归结果

对 y' 和 x' 进行回归，具体的操作参见例 3-1。回归结果如图 3-7 所示，即：

$$\ln y = -1.292 + 1.487 \ln x \tag{3-13}$$

整理为：

$$y = 0.2747x^{1.487} \tag{3-14}$$

从方差分析结果来看，$F >$ Significance F，因此回归方程显著。

将这个曲线绘制在图 3-6 中，基本上反映了例子两者之间变化的规律。

通过上面的两个例子，可以看出一元非线性回归分析的步骤为：

① 将原始实验数据绘制散点图；

② 根据散点图初步确定曲线关系；

③ 将曲线关系线性化，并相应地把原始数据进行改造；

④ 采用 Excel 进行线性拟合；

⑤ 将改造后的拟合结果还原。

从上述例子可以看出，化非线性回归为线性回归的关键是确定变量 x 与 y 之间关系式的类型。这可根据专业知识来确定。在根据专业知识难以确定的情况下，也可根据生产或试验从散布图上点的分布特点，选择适当的曲线类型。为了方便学习，下面列举一些可以通过变量变换化成一元线性回归处理的函数图形和变换公式，以供选用。

① 双曲线函数 $\dfrac{1}{y} = a + \dfrac{b}{x}$，如图 3-8 所示。令 $y' = \dfrac{1}{y}$，$x' = \dfrac{1}{x}$，则可改写为：$y' = a + x'$。

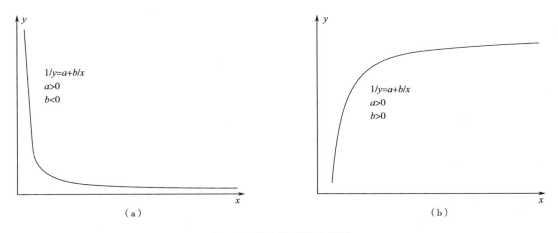

图 3-8　双曲线函数示意图

② 指数函数 $y = c\,e^{\beta x}$（$c > 0$），如图 3-9 所示。令 $y' = \ln y$，$a = \ln c$，则可改写为：$y' = a + \beta x$。

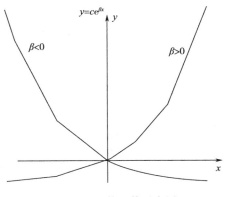

图 3-9　指数函数示意图

③ 指数函数 $y = c\mathrm{e}^{\beta/x}$ $(c>0)$，如图 3-10 所示。令 $y' = \ln y$，$x' = \dfrac{1}{x}$，$a = \ln c$，则可改写为：$y' = a + \beta x'$。

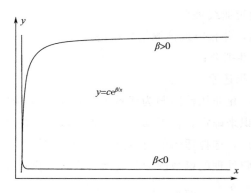

图 3-10　指数函数示意图

④ 幂函数 $y = cx^a$ $(c>0)$，如图 3-11 所示。令 $y' = \ln y$，$x' = \ln x$，$c' = \ln c$，则可改写为：$y' = c' + ax'$。

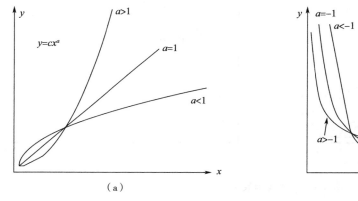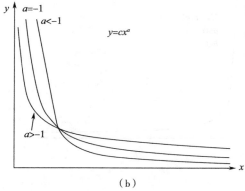

（a）　　　　　　　　　　　　　　　　（b）

图 3-11　幂函数示意图

⑤ 对数函数 $y = a + b\ln x$，如图 3-12 所示。令 $x' = \ln x$，则可改写为：$y' = a + bx'$。

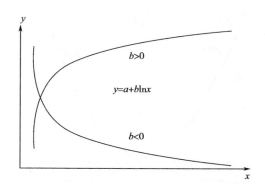

图 3-12　对数函数示意图

⑥ S 形函数 $y = \dfrac{1}{a + \beta e^{-x}}$ ，如图 3-13 所示。令 $y' = \dfrac{1}{y}$ ，$x' = e^{-x}$ ，则可改写为：$y' = a + \beta x'$ 。

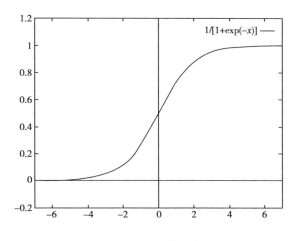

图 3-13　对数函数示意图

在此需要说明的是，由于 Excel 软件的回归功能局限性，还可以采用 Origin 软件做更多的一元非线性回归分析（或者拟合）。Origin 软件拟合界面如图 3-14 所示。

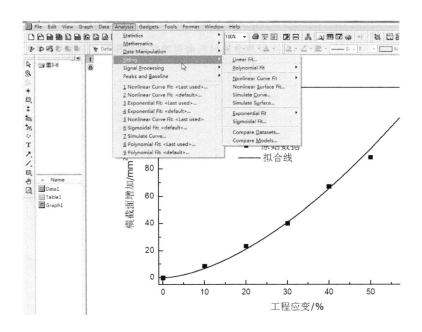

图 3-14　Origin 软件拟合界面

3.3 多元线性回归分析

在回归分析中，如果有两个或两个以上的自变量，就称为多元回归。事实上，一种现象常常是与多个因素相联系的，由多个自变量的最优组合共同来预测或估计因变量，比只用一个自变量进行预测或估计更有效，更符合实际。因此多元线性回归比一元线性回归的实用意义更大。

多元线性回归分析的基本思想和方法与一元线性回归分析是相同的，即使残差平方和 Q 达到最小值。但是，由于多元线性回归分析涉及多个变量之间的相关关系，使问题变得更加复杂，一般在实际中应用时都要借助统计软件。

假设随机变量 y 与 p 个自变量 x_1、x_2、$\cdots$、x_p 之间存在着线性相关关系，多元线性回归分析的首要任务就是通过寻求 b 估计值，建立多元线性回归方程：

$$y = b_0 + b_1 x_1 + b_2 x_2 + \cdots + b_p x_p \tag{3-15}$$

利用 Excel 可以做多元线性回归分析，，在"方差分析"中给出了"F"和"Significance F"。再次提醒，只要 $F >$ Significance F 则回归方程显著，不管是线性回归还是非线性回归。

例 3-4　电镀的成分对材料耐腐蚀性能的影响

电镀可以提高材料的耐腐蚀性能，现采用失重法研究电镀的成分对材料耐腐蚀性能的影响，数据如表 3-4 所示。试做多元线性回归分析。

表 3-4　电镀成分对材料耐腐蚀性能的影响

序号	x_1/(g/L)	x_2/(g/L)	x_3/(g/L)	x_4/(g/L)	失重 y/g
1	0.1133	0.3624	0.0519	0.0041	4.0152
2	0.1146	0.4038	0.0538	0.0114	4.0581
3	0.116	0.4518	0.0572	0.0153	4.2361
4	0.1176	0.486	0.063	0.0192	4.328
5	0.1212	0.5302	0.07	0.0216	4.4706
6	0.1867	0.5957	0.0756	0.0258	4.6004
7	0.1643	0.7207	0.0947	0.0296	4.7597
8	0.2005	0.8989	0.2041	0.0281	7.9873
9	0.2122	1.0201	0.2091	0.0157	5.1282
10	0.2199	1.1954	0.214	0.0212	5.2783
11	0.2357	1.4922	0.239	0.0176	5.4334
12	0.2665	1.6918	0.2727	0.0179	5.5329
13	0.2937	1.8598	0.2822	0.03	5.674
14	0.3149	2.1662	0.299	0.024	5.836
15	0.3483	2.6652	0.3297	0.0265	5.9482
16	0.4349	3.4651	0.4255	0.0191	6.022
17	0.5218	4.6533	0.5127	0.028	6.147

解：将表 3-4 数据输入 Excel 工作簿中。回归具体的操作参见例 3-1，只是在"X 值输入区域"要把所有的 x 区域选上。回归结果如图 3-15 所示，即：$y = 3.53 - 6.10x_1 - 0.95x_2 + 16.71x_3 + 54.96x_4$。

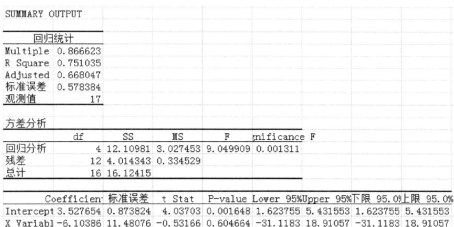

图 3-15　例 3-4 多元线性回归结果

从方差分析结果来看，$F >$ Significance F，因此回归方程显著。

回归方程中自变量 x_i 的系数代表着该自变量对因变量 y 的影响趋势与重要性。譬如系数为正值，则表示增加或者提高 x_i 的数值会增加 y 的值（正相关），反之则会减小 y 的值（负相关）。系数绝对值大小的顺序代表着自变量 x_i 对因变量 y 的影响重要顺序。系数绝对值越大，则表明该自变量 x_i 对因变量 y 的影响越大。系数绝对值越接近 0，则表明该自变量 x_i 对因变量 y 的影响越小。如果某个或者某些系数的绝对值远远小于其他系数的绝对值（譬如只是 0.01 倍甚至更小），那么前者对应的自变量的影响甚至可以忽略不计。

3.4　多元非线性回归分析

非线性回归是回归分析的重要内容和难点，而多元非线性回归在材料科学与工程研究与生产中有重要的应用。下面以二元二次非线性回归为例，介绍用 Excel 做多元非线性回归的详细过程。其他的方程可以采用类似的方法给予回归。

例 3-5　材料的强度与热处理时间和温度的非线性关系

假设材料的强度 y 与热处理时间 x_1 和温度 x_2 的关系可以用一个包含交互项 x_1x_2 的二元二次数学模型来描述：

$$y = b_0 + b_1x_1 + b_2x_2 + b_3x_1x_2 + b_4x_1^2 + b_5x_2^2 \tag{3-16}$$

数据如表 3-5 所示，试进行多元非线性回归分析。

表 3-5　材料的强度与热处理工艺的关系

序号	时间 x_1/min	温度 x_2/℃	强度 y/MPa
1	1	200	266
2	1	280	380
3	1	360	374
4	20	200	285
5	20	280	421
6	20	360	370
7	30	200	276
8	30	280	394
9	30	360	375

解： Excel“数据分析”功能中的回归为线性回归，直接应用并不能解决非线性回归的问题，需要将数据进行线性转化才能进行。根据式（3-16），可以令 $X_3=x_1x_2$、$X_4=x_1^2$，$X_5=x_2^2$。将表 3-5 数据输入 Excel 工作簿中，并增加 X_3、X_4 和 X_5，如图 3-16 所示。

序号	时间x1,min	温度x2,	X3=x1x2	X4=x1^2	X5=x2^2	强度y,MPa
1	1	200	200	1	40000	266
2	1	280	280	1	78400	380
3	1	360	360	1	129600	374
4	20	200	4000	400	40000	285
5	20	280	5600	400	78400	421
6	20	360	7200	400	129600	370
7	30	200	6000	900	40000	276
8	30	280	8400	900	78400	394
9	30	360	10800	900	129600	375

SUMMARY OUTPUT

回归统计	
Multiple	0.990445
R Square	0.98098
Adjusted	0.949281
标准误差	12.89457
观测值	9

方差分析

	df	SS	MS	F	gnificance F
回归分析	5	25727.19	5145.438	30.94631	0.008754
残差	3	498.8095	166.2698		
总计	8	26226			

	Coefficien	标准误差	t Stat	P-value	Lower 95%	Upper 95%	下限 95.0%	上限 95.0%
Intercept	-702.623	110.6323	-6.35097	0.007897	-1054.7	-350.541	-1054.7	-350.541
X Variabl	3.192166	2.137511	1.493403	0.232173	-3.61035	9.994681	-3.61035	9.994681
X Variabl	7.128869	0.805904	8.845802	0.003045	4.564122	9.693616	4.564122	9.693616
X Variabl	-0.00268	0.005471	-0.48961	0.657979	-0.02009	0.014732	-0.02009	0.014732
X Variabl	-0.06951	0.048753	-1.42576	0.249179	-0.22466	0.085643	-0.22466	0.085643
X Variabl	-0.01156	0.001425	-8.11596	0.00391	-0.0161	-0.00703	-0.0161	-0.00703

图 3-16　例 3-5 线性化处理后回归结果

回归具体的操作参见例 3-1，结果如图 3-16 所示，即：$y=-702.6+3.19x_1+7.13x_2-0.00268x_1x_2-0.0695x_1^2-0.0116x_2^2$。

从方差分析结果来看，$F>$ Significance F，因此回归方程显著。

从各系数的 P 值来看，x_1x_2、x_1^2 和 x_2^2 的影响不显著。对比它们和 x_1、x_2 的系数，前者远远小于后者，同样显示 x_1x_2、x_1^2 和 x_2^2 的影响不显著。

注意，对数据进行非线性回归中，最好用不同的函数类型计算后进行比较，择其最优。比较时可以比较非线性函数的剩余平方和 Q、剩余标准离差 S、相关系数 R 这三个量中的任意一个。其中剩余平方和是实际值与估计值之差的平方的总和，$Q=\sum(y_i-\hat{y}_i^2)$，y_i、$\hat{y}_i$ 分别是实测值和通过回归得到的模型计算值。剩余标准离差又称均方根误差、标准误差、回归系统的拟合标准差，$S=\sqrt{\dfrac{\sum(y_i-\hat{y}_i)^2}{n-2}}$，$n$ 是实验值的个数。也有剩余标准差就是剩余平方和的开平方的说法。相关系数 $R = \sqrt{1 - \dfrac{\sum(y_i - \hat{y}_i)^2}{\sum(y_i - \bar{y})^2}}$，其中 $\bar{y}$ 是实测的平均值。

3.5　逐步回归分析

3.5.1　逐步回归分析的主要思路

在实际问题中，总是希望从对因变量 y 有影响的诸多变量中选择一些变量作为自变量，应用多元回归分析的方法建立"最优"回归方程以便对因变量进行预报或控制。所谓"最优"回归方程，主要是指希望在回归方程中包含所有对因变量 y 影响显著的自变量而不包含对 y 影响不显著的自变量的回归方程。逐步回归分析正是根据这种原则提出来的一种回归分析方法。它的主要思路是在考虑的全部自变量中按其对 y 的作用大小、显著程度大小或者说贡献大小，由大到小地逐个引入回归方程，而对那些对 y 作用不显著的变量可能始终不被引入回归方程。另外，被引入回归方程的变量在引入新变量后也可能失去重要性，而需要从回归方程中剔除出去。引入一个变量或者从回归方程中剔除一个变量都称为逐步回归的一步，每一步都要进行 F 检验，以保证在引入新变量前回归方程中只含有对 y 影响显著的变量，而影响不显著的变量已被剔除。

逐步回归分析的实施过程是每一步都要对已引入回归方程的变量计算其偏回归平方和（即贡献），然后选一个偏回归平方和最小的变量，在预先给定的 F 水平下进行显著性检验，如果显著则该变量不必从回归方程中剔除，这时方程中其他的几个变量也都不需要剔除（因为其他几个变量的偏回归平方和都大于最小的一个，更不需要剔除）。相反，如果不显著，则该变量要剔除，然后按偏回归平方和由小到大地依次对方程中其他变量进行 F 检验。将对 y 影响不显著的变量全部剔除，保留的都是影响显著的。接着再对未引入回归方程中的变量分别计算其偏回归平方和，并选其中偏回归平方和最大的一个变量，同样在给定 F 水平下作显著性检验，如果显著则将该变量引入回归方程，这一过程一直继续下去，直到在回归方程中的变量都不能剔除而又无新变量可以引入时为止，这时逐步回归过程结束。

逐步回归法由于剔除了不重要的变量，无需求解一个很大阶数的回归方程，显著提高了计算效率；又由于忽略了不重要的变量，避免了回归方程中出现系数很小的变量而导致的回归方程计算时出现病态，得不到正确的解。在解决实际问题时，逐步回归法是常用的行之有效的数学方法。

3.5.2　逐步回归分析的主要计算步骤

逐步回归分析主要的计算步骤包括确定 F 检验值、逐步计算和其他计算。具体如下：

（1）确定 F 检验值

在进行逐步回归计算前要确定检验每个变量是否显著的 F 检验水平，以作为引入或剔除变量的标准。F 检验水平要根据具体问题的实际情况来定。一般地，为使最终的回归方程中包含较多的变量，F 水平不宜取得过高，即显著水平 α 不宜太小。F 水平还与自由度有关，因为在逐步回归过程中，回归方程中所含变量的个数在不断变化，因此方差分析中的剩余自由度也总在变化，为方便起见常按 $n-k-1$ 计算自由度。n 为原始数据观测组数，k 为估计可能选入回归方程的变量个数。例如 $n=15$，估计可能有 $2\sim3$ 个变量选入回归方程，因此取自由度为 $15-3-1=11$，查 F 分布表，当 $\alpha=0.1$，自由度 $f_1=1$、$f_2=11$ 时，临界值 $F_\alpha=3.23$，并且在引入变量时，自由度取 $f_1=1$、$f_2=n-k-2$，F 检验的临界值记为 F_1，在剔除变量时自由度取 $f_1=1$，$f_2=n-k-1$，F 检验的临界值记为 F_2，并要求 $F_1\geqslant F_2$，实际应用中常取 $F_1=F_2$。

（2）逐步计算

如果已计算 t 步（包含 $t=0$），且回归方程中已引入变量，则第 $t+1$ 步的计算为：

① 计算全部自变量的贡献 V（偏回归平方和）。

② 在已引入的自变量中，检查是否有需要剔除的不显著变量。这就要在已引入的变量中选取具有最小 V 值的一个并计算其 F 值，如果 $F\leqslant F_2$，表示该变量不显著，应将其从回归方程中剔除，计算转至③。如不需要剔除变量，这时则考虑从未引入的变量中选出具有最大 V 值的一个并计算 F 值，如果 $F>F_2$，则表示该变量显著，应将其引入回归方程，计算转至③。如果 $F\leqslant F_1$，表示已无变量可选入方程，则逐步计算阶段结束，计算转入③。

③ 剔除或引入一个变量后，相关系数矩阵进行消去变换，第 $t+1$ 步计算结束。其后重复①～③再进行下步计算。

由上所述，逐步计算的每一步总是先考虑剔除变量，仅当无剔除时才考虑引入变量。实际计算时，开头几步可能都是引入变量，其后的某几步也可能相继地剔除几个变量。当方程中已无变量可剔除，且又无变量可引入时，第二阶段逐步计算即告结束，这时转入第三阶段。

（3）其他计算

主要是计算回归方程入选变量的系数、复相关系数及残差等统计量。

逐步回归选取变量是逐渐增加的。选取第 i 个变量时仅要求与前面已选的 $i-1$ 个变量配合起来有最小的残差平方和，因此最终选出的 I 个重要变量有时可能不是使残差平方和最小的 I 个，但大量实际问题计算结果表明，这 I 个变量常常就是所有变量的组合中具有最小残差平方和的那一个组合，特别当 I 不太大时更是如此，这表明逐步回归是比较有效的方法。

引入回归方程的变量的个数 I 与各变量贡献的显著性检验中所规定的 F 检验的临界值 F_1 与 F_2 的取值大小有关。如果希望多选一些变量进入回归方程，则应适当增大检验水平 α 值，即减小 $F_1=F_2$ 的值，特别地，当 $F_1=F_2=0$，则全部变量都将被选入，这时逐步回归就变为一般的多元线性回归。相反，如果 α 取得比较小，即 F_1 与 F_2 取得比较大时，则入选的变量个数就要减少。此外，还要注意，在实际问题中，当观测数据样本容量较小时，入选变量个数 l 不宜选得过大，否则被确定的系数的精度将较差。

3.5.3　用 SPSS 作逐步回归分析

使用 Excel 作逐步回归分析操作步骤比较烦琐，因此本节介绍使用 SPSS 进行逐步回归分析。SPSS 逐步回归的方法是 stepwise。

例 3-6　水泥凝固时放出的热量与化学成分间的关系

某种水泥在凝固时放出的热量 y（cal/g，1cal＝4.1868J）与水泥中四种化学成分含量有关：X_1：$3CaO \cdot Al_2O_3$ 的成分（%）；X_2：$3CaO \cdot SiO_2$ 的成分（%）；X_3：$4CaO \cdot Al_2O_3 \cdot Fe_2O_3$ 的成分（%）；X_4：$2CaO \cdot SiO_2$ 的成分（%）。以上均为质量分数。数据如表 3-6 所示，试建立 y 与 X_1、X_2、X_3、X_4 的线性回归模型。

表 3-6　水泥在凝固时放出的热量

试验序号	X_1/%	X_2/%	X_3/%	X_4/%	y/(cal/g)
1	7	26	6	60	78.5
2	1	29	15	52	74.3
3	11	56	8	20	104.3
4	11	31	8	47	87.6
5	7	52	6	33	95.9
6	11	55	9	22	109.2
7	3	71	17	6	102.7
8	1	31	22	44	72.5
9	2	54	18	22	93.1
10	21	47	4	26	115.9
11	1	40	23	34	83.8
12	11	66	9	12	113.3
13	10	68	8	12	109.4

解：启动 SPSS，将数据输入的数据集中。点击"分析""回归""线性"。点击"变量视图"，可以将变量改为所需的变量名。选入需要分析的变量，其中自变量选择 $X_1 \sim X_4$ 的数据，因变量选择 y 的数据。在方法栏中选入"逐步"（stepwise）。点击"确定"，开始拟合。结果会出现 5 张表。

表 3-7 为模型中输入/移去的变量。可见本例中有两个适合的模型，第一个模型输入的变量为 X_4，第二个模型增加了变量 X_1。

表 3-7　输入/移去的变量[①]

模型	输入的变量	移去的变量	方法
1	X_4		步进（准则：F-to-enter 的概率 $\leq=0.050$，F-to-remove 的概率 $\geq=0.100$）
2	X_1		步进（准则：F-to-enter 的概率 $\leq=0.050$，F-to-remove 的概率 $\geq=0.100$）

① 因变量：Y。

表 3-8 为模型汇总，给出了模型对应的 R、R^2、调整 R^2、标准估计的误差，也即负相关系数、决定系数、校正决定系数、随机误差的估计值，这些值（除了随机误差的估计值）都是越大表明模型的效果越好，根据比较，模型 2 最好。

表 3-8　模型汇总

模型	R	R^2	调整 R^2	标准估计的误差
1	0.821[①]	0.675	0.645	8.9639019
2	0.986[②]	0.972	0.967	2.7342661

① 预测变量：（常量）、X_4。

② 预测变量：（常量）、X_4、X_1。

表 3-9 给出的是模型的方差分析表。

表 3-9　Anova[①]

模型		平方和	df	均方	F	Sig.
1	回归	1831.896	1	1831.896	22.799	0.001[②]
	残差	883.867	11	80.352		
	总计	2715.763	12			
2	回归	2641.001	2	1320.500	176.627	0.000[③]
	残差	74.762	10	7.476		
	总计	2715.763	12			

① 因变量：Y。

② 预测变量：（常量）、X_4。

③ 预测变量：（常量）、X_4、X_1。

表 3-10 给出的是模型中的参数检验。如模型 1 为 $y=117.6-0.738X_4$，模型 2 为 $y=103.09-0.614X_4+1.44X_1$。这个表格给出了对偏回归系数和标准偏回归系数的检验，偏回归系数用于不同模型的比较，标准偏回归系数用于同一个模型的不同系数的检验，其值越大表明对因变量的影响越大。

表 3-10 系数[1]

模型		偏回归系数		标准偏回归系数 试用版	t	Sig.
		B	标准误差			
1	(常量)	117.568	5.262		22.342	0.000
	X_4	−0.738	0.155	−0.821	−4.775	0.001
2	(常量)	103.097	2.124		48.540	0.000
	X_4	−0.614	0.049	−0.683	−12.621	0.000
	X_1	1.440	0.138	0.563	10.403	0.000

① 因变量：Y。

表 3-11 给出的是各模型已排除的变量。

表 3-11 已排除的变量[1]

模型		Beta In	t	Sig.	偏相关	共线性统计量容差
1	X_1	0.563[2]	10.403	0.000	0.957	0.940
	X_2	0.322[2]	0.415	0.687	0.130	0.053
	X_3	−0.511[2]	−6.348	0.000	−0.895	0.999
2	X_2	0.430[3]	2.242	0.052	0.599	0.053
	X_3	−0.175[3]	−2.058	0.070	−0.566	0.289

① 因变量：Y。

② 模型中的预测变量：(常量)、X_4。

③ 模型中的预测变量：(常量)、X_4、X_1。

从本例来看，SPSS 做逐步回归时依然是用的线性模型。如果想做非线性模型，则需要像上文非线性回归分析所讲的将非线性方程线性化。也就是先转换出非线性变量的数据，再对非线性变量的数据做线性回归。

3.6 神经网络

3.6.1 神经网络简介

神经网络（artificial neural network，ANN）是 20 世纪 80 年代以来人工智能领域兴起的研究热点。ANN 从信息处理角度对人脑神经元网络进行抽象，建立某种简单模型，按不同的连接方式组成不同的网络。

如图 3-17 所示，神经网络是一种运算模型，由大量的节点（或称神经元）相互连接构成。每个节点代表一种特定的输出函数，称为激励函数（activation function）。每两个节点间的连接都代表一个对于通过该连接信号的加权值，称为权重，这相当于神经网络的记忆。网络的输出则因网络的连接方式、权重值和激励函数的不同而不同。而网络自身通常都是对自然界某种算法或者函数的逼近，也可能是对一种逻辑策略的表达。

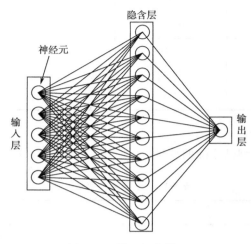

图 3-17　神经网络模型

　　神经网络具有非线性、非局限性、非常定性和非凸性四个基本特征。①非线性关系是自然界的普遍特性，大脑的智慧就是一种非线性现象。人工神经元处于激活或抑制两种不同的状态，这种行为在数学上表现为一种非线性关系。具有阈值的神经元构成的网络具有更好的性能，可以提高容错性和存储容量。②一个神经网络通常由多个神经元广泛连接而成，一个系统的整体行为不仅取决于单个神经元的特征，而且可能主要由单元之间的相互作用、相互连接所决定。通过单元之间的大量连接模拟大脑的非局限性。联想记忆是非局限性的典型例子。③神经网络具有自适应、自组织、自学习能力。神经网络不但处理的信息可以有各种变化，而且在处理信息的同时，非线性动力系统本身也在不断变化。经常采用迭代过程描写动力系统的演化过程。④一个系统的演化方向，在一定条件下将取决于某个特定的状态函数。例如能量函数，它的极值相应于系统比较稳定的状态。非凸性是指这种函数有多个极值，故系统具有多个较稳定的平衡态，这将导致系统演化的多样性。

　　神经网络中神经元处理单元可表示不同的对象，例如特征、字母、概念，或者一些有意义的抽象模式。网络中处理单元的类型分为三类：输入单元、输出单元和隐单元。输入单元接受外部世界的信号与数据；输出单元实现系统处理结果的输出；隐单元是处在输入和输出单元之间，不能由系统外部观察的单元。神经元间的连接权值反映了单元间的连接强度，信息的表示和处理体现在网络处理单元的连接关系中。神经网络是一种非程序化、具有适应性、大脑风格的信息处理，其本质是通过网络的变换和动力学行为得到一种并行分布式的信息处理功能，并在不同程度和层次上模仿人脑神经系统的信息处理功能。它是涉及神经科学、思维科学、人工智能、计算机科学等多个领域的交叉学科。

　　神经网络是并行分布式系统，采用了与传统人工智能和信息处理技术完全不同的机理，克服了传统的基于逻辑符号的人工智能在处理直觉、非结构化信息方面的缺陷，具有自适应、自组织和实时学习的特点。

神经网络模型主要考虑网络连接的拓扑结构、神经元的特征、学习规则等。目前，已有近 40 种神经网络模型，其中有反传网络、感知器、自组织映射、Hopfield 网络、波耳兹曼机、适应谐振理论等。根据连接的拓扑结构，神经网络模型可以分为前向网络和反馈网络。

神经网络的学习规则（即训练算法）是用来计算更新神经网络的权值和阈值，有两大类别：有导师学习和无导师学习。有导师学习中需要提供一系列正确的训练样本，当网络输入时，将网络输出与相对应的期望值进行比较，然后应用学习规则调整权值和阈值，使网络的输出接近于期望值。而无导师学习中，权值和阈值的调整只与网络输入有关，无期望值，因此多用于分类。

误差反向传播（back propagation，BP）神经网络是应用最广的一种有导师学习的神经网络。从结构上讲是一种典型的多层前向型神经网络，具有一个输入层、一个或多个隐含层，一个输出层。相邻层之间是全连接，但同一层的神经元不存在连接。譬如，假设一个BP 神经网络是由一个输入层、两个隐含层和一个输出层构成，则输入层的任一神经元都与第一个隐含层的所有神经元连接，但不会与第二个隐含层和输出层的神经元连接。输入层中的神经元不会相互连接。理论上已证明具有一个隐含层的三层网络可以逼近任意非线性函数。

BP 神经网络的误差反向传播算法是典型的有导师指导的学习方法，基本思路是对一定数量的样本进行学习，即将样本的输入送至网络输入层的各个神经元，经过隐含层和输出层计算后，输出层各神经元输出对应的预测值。若预测值与训练样本对应的输出数据之间误差大于指定误差时，则从输出层反向传播该误差，从而调整权值和阈值，使得预测值与训练样本的误差逐渐减小，直至满足精度要求。

神经网络的研究工作不断深入，已经取得了很大的进展，其在模式识别、智能机器人、自动控制、预测估计、生物、医学、经济等领域已成功地解决了许多现代计算机难以解决的实际问题，表现出了良好的智能特性。

3.6.2 BP 神经网络的 Matlab 工具箱函数

Matlab 神经网络工具箱中有很多关于 BP 神经网络分析与设计的函数，本节以MATLAB R2012b 为例介绍几个主要函数的功能、调用格式、参数含义及注意事项等。

（1）BP 神经网络创建函数 feedforwardnet

该函数调用格式为：feedforwardnet（hiddenSizs，trainFcn）。

隐含层在 feedforwardnet 默认为一层，隐含层神经元节点个数 hiddenSizs 默认为"10"，如果有多个隐含层则 hiddenSizs 是一个行向量。训练函数 trainFcn 默认为"trainlm"。函数feedforwardnet 并没有确定输入层和输出层向量的维数，系统将这一步留给 train 函数来完成，也可以使用 configure 函数手动配置。函数 feedforwardnet 实现的前向神经网络能够实现从输入到输出的任意映射。

（2） BP 神经网络训练函数 train

该函数调用格式为：[NET，TR] = train（NET，X，T，Xi，Ai，EW）。

NET 是训练前、后的网络；TR 是训练记录（包括步数和性能），可省略；X 是网络输入向量；T 是网络目标值（默认为"0"）；Xi 和 Ai 分别是初始的输入层和输出层延迟条件（默认为"0"）；EW 是网络误差权重，用于指示每个目标值的相对重要性，可以设置为"1"，表明所有的目标值都重要。

另外 BP 网络的训练函数还可以用：梯度下降法 traingd，有动量的梯度下降法 traingdm，自适应 lr 梯度下降法 trainda，自适应 lr 动量下降法 traindx，弹性梯度下降法 trainrp，Fletcher-Reeves 共轭梯度法 traincgf，Ploak-Ribiere 共轭梯度法 traincgp，Powell-Beale 共轭梯度法 traincgb，量化共轭梯度法 trainscg，拟牛顿算法 trainbfg，一步正割算法 trainoss，Levenberg-Marquardt 的 trainlm 等。具体用法与 train 类似，可以在 Matlab 中输入"help 函数名"（不输入双引号）得到详细的介绍。

常用的 BP 网络训练参数有最大训练次数 net. trainParam. epochs，缺省值 10；训练要求精度 net. trainParam. goal，缺省值 0；学习率 net. trainParam. lr，缺省值 0.1；最大失败数 net. trainParam. max _ fail，缺省值 5；最小梯度要求 net. trainParam. min _ grad，缺省值 1e-10；是否显示训练迭代过程 net. trainParam. show，缺省值 25，NaN 表示不显示；最大训练时间 net. trainParam. time，缺省值 inf；等等。这些参数可以在 Matlab 中查阅 BP 网络训练函数（输入"help 函数名"）时可以看到。

（3） BP 神经网络预测函数 sim

该函数调用格式为：[Y，Pf，Af，EW，perf] ＝ sim（NET，P，Xi，Ai，T）。

其中 NET 是训练好的网络；P 是网络输入向量。输出数据中除了 Y 之外均可省略，其中 Pf 和 Af 分别是最终的输入层和输出层延迟条件，perf 是网络性能。

（4） 初始数据归一化处理函数 mapminmax

将初始数据 X 统一到 [－1，1] 区域中，其中最大值变为 1，最小值变为－1。
调用格式为：[Y，settings] ＝ mapminmax（X）。
其中 Y 是归一化后的数据矩阵，settings 是保存转化时的系数集合。

注意，原始数据归一化后进行预测时得到的数据是归一化后的输出值，与原始数据进行对比分析时需要逆归一化处理，可使用 mapminmax. reverse（Y，settings）进行处理。

对拟预测的输出值 X1 也需要进行相同转换系数集合 settings 的归一化处理，则调用 mapminmax. apply（X1，settings）。

3.6.3 BP 神经网络应用实例

例 3-7 合金元素含量对复相纳米晶永磁粉磁能的影响

纳米复相永磁材料具有理论磁能积高、稀土含量少、价格便宜、抗蚀性好等优点，有望发展成为新一代高性能稀土永磁材料。纳米复相 Nd2Fe2Co2Zr2B 系永磁合金成分对磁能积存在巨大影响，结果如表 3-12 所示。试通过 BP 神经网络预测含 Nd9%、Co4%、Zr3%、B5.8%时永磁合金的 BH 值。

表 3-12　合金元素原子百分含量对复相纳米晶永磁粉的磁能 $(BH)_m$ 的影响

序号	Nd/%	Co/%	Zr/%	B/%	BH/(kJ/m³)
1	10.5	4	0	6.2	62
2	9	1	2	6	51
3	11	3	3	6	64
4	9.5	4	3	5.8	69
5	10	0	2.5	5.6	70
6	9.5	0	1	6.4	56
7	11.5	4	1.5	6.6	69
8	11	0	1	6.4	75
9	10	5	2	1	55
10	11	5	2	5.6	65
11	10	3	2	6.4	71
12	9	5	2.5	6.4	48
13	9	3	1	5.6	43
14	9.5	2	0	6.6	60
15	10.5	1	3	6.6	65
16	10	5	1	6	66
17	11.5	1	0	5.8	54
18	11.5	2	2.5	6.2	70

解： 实现 BP 神经网络模型建立和预测，步骤如下。

（1）建立训练集/测试集

为保证建立的模型具有良好的泛化能力，要求训练样本数量足够多，并具有良好的代表性。一般地，训练样本集数量占总样本数量 2/3～3/4，剩余的作为测试集样本。同时，尽量使两者样本分布规律（水平取值范围）接近。

本例中取序号 1～15 为训练样本，16～18 为测试集样本。

（2）创建/训练神经网络

创建 BP 神经网络前需要确定网络的结构，即确定输入变量的个数、隐含层数及各层神经元个数、输出变量个数。如前所述，只含一个隐含层的 3 层 BP 神经网络可以逼近任意非线性函数，因此本节仅讨论单隐含层 BP 神经网络。本例中输入变量为合金元素的种类，即 4 个；输出变量为 BH 值，即 1 个。隐含层神经元个数对网络性能影响较大，可以在学会本例后自行探索，本例中使用默认值。

网络结构确定后，设置训练次数、学习率、收敛误差等相关参数，即可对网络进行训练。本例中训练次数设为 5000，收敛误差设为 0.00000001，其他保留默认值。

（3）仿真测试与性能评价

模型建立后，将测试集的输入变量送入模型，模型的输出即为对应的预测结果。通过计算预测结果 $\bar{y}_l$ 与真实值 y_i 之间的误差，可以对模型的泛化能力进行评估。在此基础上可以进一步研究和改善。

本例选用相对误差 E_i 和决定系数 R^2 作为评价指数，其计算公式分别为：

$$E_i = \frac{|\bar{y}_l - y_i|}{y_i}, \ i = 1, 2, \cdots, n$$

$$R^2 = \frac{\left(n \sum_{i=1}^{n} \bar{y}_l y_i - \sum_{i=1}^{n} \bar{y}_l \sum_{i=1}^{n} y_i \right)^2}{\left[n \sum_{i=1}^{n} \bar{y}_i^2 - \left(\sum_{i=1}^{n} \bar{y}_i \right)^2 \right] \left[n \sum_{i=1}^{n} y_i^2 - \left(\sum_{i=1}^{n} y_i \right)^2 \right]}$$

相对误差越接近 0，表明模型性能越好。决定系数在 ［0，1］ 范围，越接近 1，表明模型性能越好。

（4）预测

利用训练好的网络，对指定合金元素配方进行预测。

程序代码如下：

```
%清空环境变量
clear all
clc
%训练样本输入
P_Train＝[10.54  0   6.2
9      1   2    6
11     3   3    6
9.5    4   3    5.8
10     0   2.5  5.6
9.5    0   1    6.4
11.5   4   1.5  6.6
11     0   1    6.4
10     5   2    1
11     5   2    5.6
10     3   2    6.4
9      5   2.5  6.4
```

```
9    3    1    5.6
9.5  2    0    6.6
10.5 1    3    6.6]′;
```

T_Train=[62 51 64 69 70 56 69 75 55 65 71 48 43 60 65];

%训练样本归一化处理

[P_Train1,setting1]=mapminmax(P_Train);

[T_Train1,setting2]=mapminmax(T_Train);

%测试样本输入

```
P_Test=[10   5    1    6
11.5  1    0    5.8
11.5  2    2.5  6.2]′;
```

T_Test=[66 54 70];

%测试样本归一化处理

P_Test1=mapminmax. apply(P_Test,setting1);

%创建网络,两个隐层,神经结点 8,6

%net=feedforwardnet([8,6],′trainlm′);

net=feedforwardnet;

%设置训练次数

net. trainParam. epochs = 5000000;

%设置收敛误差

net. trainParam. goal=0.00000001;

%网络误差如果连续 6 次迭代都没变化,则 Matlab 会默认终止训练。为了让程序继续运行,用以下命令取消这条设置:

net. divideFcn = ′′;

%训练网络

[net,tr]=train(net,P_Train1,T_Train1);

%仿真测试

T_sim_bp=sim(net,P_Test1);

T_sim_bp=mapminmax. reverse(T_sim_bp,setting2);

%性能评价

%相对误差

error_bp=abs(T_sim_bp−T_Test). /T_Test;

%决定系数

N=size(P_Test1,2);

R2_bp=(N * sum(T_sim_bp. * T_Test)-sum(T_sim_bp) * sum(T_Test))^2/((N * sum((T_sim_bp). ^2)-(sum(T_sim_bp))^2) * (N * sum((T_Test). ^2)-(sum(T_Test))^2));

error_bp

R2_bp

%保存训练好的网络 net 在当前工作目录下的 aaa 文件中

save aaa net

%输入拟数据

a＝[9 4 3 5.8]′;

%将输入数据归一化

a＝mapminmax. apply(a,setting1);

%放入到网络输出数据

b＝sim(net,a);

%调用已有的网络

%load(′-mat′,′aaa′)

%b＝sim(net,a);

%将得到的数据反归一化得到预测数据

c＝mapminmax. reverse(b,setting2);

c

需要强调的是，每次运行结果会有差异，很多时候性能评价并不理想，因此需要对网络结构进行合理的优化。可以在代码中增加 while-end 语句，将训练网络、仿真测试和性能评价三部分的代码作为循环体。当相对误差和决定系数没有达到理想值，或者循环次数没有达到指定次数之前，都重新建立新的权值和阈值。当循环次数达到指定次数且相对误差和决定系数没有达到理想值时则跳出循环，提示模型不成功。反之，则保存好的模型，并用其做预测。当然也可以将性能评价最好的模型作为最终预测用的模型。

当获得好的模型时可以保存为另外一个模型名，或者将其保存在当前工作目录"aaa"文件中，命令为：save aaa net。调用保存在当前工作目录"aaa"文件中的模型供预测的命令为：load（′-mat′,′aaa′）。

神经网络是个很有意思的工具，但是要用好也是需要锻炼的。

此外 Maltab 编写程序时，如果是在中文输入法下输入，除了"％"几个少数之外的标点符号会变成红色，且运行时会提示错误。因此最好都在英文状态下输入相应的标点符号。"％"是用于表示其后面同行文字均为注释。

习 题 3

3.1 AZ31B 镁合金在 3.5％（质量分数）NaCl 水溶液中浸泡时间 x-失重 y 数据如表 1 所示，求 y 对 x 的线性回归方程，并检验回归方程的显著性。

表 1   AZ31B 镁合金在 3.5％（质量分数）NaCl 水溶液中腐蚀数据

时间/min	10	30	40	55	70	80	95
失重/mg	15	18	19	21	22.6	23.8	26

3.2 20℃时测得某胶体浓度和密度数据如表 2 所示，试求线性回归方程，并检验回归方程的显著性。

表 2　某胶体浓度和密度数据

浓度/(g/L)	0.00	0.40	0.81	1.21	1.62	2.02	2.42	2.83	3.23	3.64	4.04
密度－900/(g/L)	7.0	7.3	7.7	8.1	8.4	8.8	9.1	9.4	9.8	10.2	10.5

3.3 电容器充电达到某电压值作为时间的计算原点，此后电容器串联一电阻放电，电压 U 与时间 t 的数据如表 3 所示。已知 $U = U_0 e^{-at}$，试进行回归分析，并检验显著性。

表 3　电容器放电时电压 U 与时间 t 的关系

t/s	0	1	2	3	4	5	6	7	8	9	10
U/V	100	75	55	40	30	20	15	10	10	5	5

3.4 某钢材延伸率 y 与碳含量 x_1、回火温度 x_2 的关系如表 4 所示。①试进行二元线性回归，并检验显著性。②试进行包含交互项的二元二次回归，并检验显著性。

表 4　钢材延伸率 y 与碳含量 x_1、回火温度 x_2 的关系

序号	$x_1/\%$ （质量百分数）	$x_2/℃$	$y/\%$	序号	$x_1/\%$ （质量百分数）	$x_2/℃$	$y/\%$
1	57	535	19.3	8	57	460	16.8
2	64	535	17.5	9	64	435	14.8
3	69	535	18.3	10	69	460	12.0
4	58	460	16.3	11	59	490	17.8
5	58	470	17.0	12	64	467	15.5
6	58	480	16.8	13	69	490	15.5
7	58	490	17.0	14	68	480	15.8

3.5 实验测得某化学反应过程中 A 组分加入量与产品收率的数据如表 5 所示，试采用二元二次多项式拟合数据，并检验回归方程的显著性。

表 5　A 组分加入量与产品收率的数据

A 组分加入量/g	1	3	4	5	6	7	8	9	10
产品收率/%	82	87	88	90	91	92	80	89	88

3.6 试对表 3-7 数据进行逐步回归。

3.7 试以表 4 数据基于 Matlab 完成 BP 神经网络训练。

第**4**章

单因素实验设计

 本章教学重点

知识要点	具体要求
单因素优选法	掌握单因素优选法应用场合、常见方法和一般步骤
均分法	掌握均分法定义、实施方法、优缺点
对分法	掌握对分法定义、实施方法、优缺点
黄金分割法	了解黄金分割法定义、实施方法、优缺点
分数法	了解分数法定义、实施方法、优缺点
抛物线法	掌握抛物线法实施方法、优缺点
分批实验法	了解分批实验法的应用场合、种类

　　如果在实验时，只考虑一个对目标影响最大的因素，其他因素尽量保持不变，则称为单因素问题。单因素优选法在安排实验时只有一个研究因素，即研究者只分析一个因素对效应指标的作用，但单因素实验设计并不是意味着该实验中只有一个因素与效应指标有关联。在多数情况下影响实验指标的因素不止一个，但如果只考虑一个影响程度最大的因素，其余因素都固定在理论或经验上的最优水平保持不变，这种情况也属于单因素优选法。

　　优选法（optimization method）是指研究如何用较少的试验次数，迅速找到最优方案的一种科学方法。例如：在材料科学与工程科学实验中，怎样选取最合适的配方、配比；怎样寻找最好的操作和工艺条件；怎样找出产品的最合理的设计参数，使产品的质量最好，产量最多，或在一定条件下使成本最低，消耗原料最少，生产周期最短等。把这种最合适、最好、最合理的方案，一般总称为最优。把选取最合适的配方、配比，寻找最好的操作和工艺条件，给出产品最合理的设计参数，叫作优选。也就是根据问题的性质在一定条件下选取最优方案。最简单的最优化问题是极值问题，这样问题用微分学的知识即可解决。

　　优选法分为单因素方法和多因素方法两类。单因素方法有均分法、对分法、0.618 法、分数法、分批试验法等，1953 年美国数学家 J. 基弗提出了单因素优选法中的分数法和 0.618 法，后来又提出抛物线法。至于双因素和多因数优选法，则涉及问题较复杂，方法和思路也较多，常用的有降维法、瞎子爬山法、陡度法、混合法、随机实验法和实验设计法等。

优选法的应用范围相当广泛，中国数学家华罗庚从 20 世纪 70 年代初开始在生产企业中推广应用，取得了成效。企业在新产品、新工艺研究，仪表、设备调试等方面采用优选法，能以较少的实验次数迅速找到较优方案，在不增加设备、物资、人力和原材料的条件下，缩短工期、提高产量和质量、降低成本等。

单因素优选法一般步骤如下。

① 首先估计包含最优点的实验范围，如果 a 表示下限，b 表示上限，试验范围为 $[a, b]$；

② 确定指标；

③ 根据实际情况及实验要求，选择实验方法，科学安排实验点。

4.1 均分法

均分法是单因素实验设计方法。它是在实验范围 $[a, b]$ 内，根据精度要求和实际情况，均匀地排开实验点，在每一个实验点上进行实验，并相互比较，以求最优点的方法。由于是事先做好全部的实验方案，因此均分法属于整体实验设计方法。

均分法的要点是：若实验范围 $L = b - a$，实验点间隔为 N，则实验点个数 $n = L/N + 1 = (b-a)/N + 1$。

均分法是对所实验的范围进行"普查"，常常应用于对目标函数的性质没有掌握或很少掌握的情况。即假设目标函数是任意的情况，其实验精度取决于实验点数目的多少。需要注意的是，除了理论上因素水平所能划分的间隔外，实际的因素水平间隔还受到所用设备本身的影响。譬如，如果一台炉子的控温精度是 ±1℃，则每个炉温之间相差 10℃ 是合理的。但是如果炉子的控温精度是 ±6℃，则每个炉温之间相差 10℃ 是不合理的。

均分法优点包括：只要把实验放在等分点上，实验点安排简单；n 次实验可同时做，节约时间，也可一个接一个做，灵活性强。均分法缺点主要是实验次数较多，代价较大，不经济。

例 4-1　钢的热处理保温时间的确定

对采用新钢种的某零件进行热处理以提高屈服强度，当保温温度保持不变时，在 3h 范围内改变保温时间，拟通过均分法找出屈服强度最高的保温时间。

解：时间（min）范围为 $[0, 180]$，按照间隔 20min 安排热处理实验，即保温时间分别为 20min、40min、60min、80min、100min、120min、140min、160min、180min。将不同时间热处理的试样做拉伸实验，测量其屈服强度。对上述 9 种工艺试样的屈服强度进行对比，取最高的屈服强度对应的保温时间为最优的保温时间。

例 4-2　CuAl5 合金最佳轧制压下率

轧制压下率是轧制工艺中重要的参数，采用合适的轧制压下率可以提高材料的屈服强度。拟在 10%～70% 范围内找出最佳的轧制压下率使得 CuAl5 合金的屈服强度达到最高值。

解：将 10%～70% 均匀分割，间隔为 10%。则设定的轧制压下率分别为 10%、20%、30%、40%、50%、60% 和 70%。按照上述 7 个轧制压下率对 CuAl5 合金进行轧制，测量其屈服强度，结果分别为 180MPa、190MPa、200MPa、211MPa、220MPa、200MPa 和 195MPa。可见在 50% 时可以得到最高的屈服强度，即 50% 为最佳的轧制压下率。

例 4-3　固溶温度对 QAl9-4-3 铝青铜硬度的影响

铝青铜是制造齿轮、轴套、蜗轮等高强度抗磨零件的理想材料，现代工业和高科技生产的快速发展对铝青铜构件的服役性能提出了更高的要求，发展高强耐磨铝青铜逐渐成为一种趋势。固溶处理作为改善铝青铜合金组织和性能最广泛应用的方式之一，可以改善合金中硬脆性相的分布和组织结构，从而提高材料硬度。现在希望通过实验找出温度对硬度的影响规律。（林高用，王莉，许秀芝，等．固溶时效对 QAl9-4-3 铝青铜组织和性能的影响［J］．中国有色金属学报，2013（3）：679-686.）

解：查阅铜合金热处理手册可知，QAl9-4-3 铝青铜合金的固溶温度（℃）范围为 [820，940]，温度间隔选取 30℃，即固溶温度分别为 820℃、850℃、880℃、910℃、940℃。宏观硬度测试在 HB-3000B 布氏硬度计上进行，结果分别为 212HB、218HB、252HB、256HB 和 290HB。可以看出，随着固溶温度的升高，合金的硬度逐渐升高。当温度达到 940℃时，硬度最高。

均分法的实验点可以使用 Excel 的 ROW 函数生成。譬如，要形成首项为 10，间隔为 3，100 个等差数列，则可在 Excel 中 A1 单元输入形如 "＝10＋3＊（ROW（A1）－1）" 公式，然后左键点住 A1 单元右下角黑正方形，鼠标向下拖拉到所需的数量，即可得到一组等差数列。

4.2　对分法

对分法也叫作等分法、平分法，是一种有广泛应用的方法，例如查找地下输电线路的故障，排水管道的堵塞位置以及确定生产中某种物质的添加量问题等。

对分法总是在实验范围 [a，b] 的中点安排实验，中点 $c = (a+b)/2$。根据实验结果，若下次实验在高处（取值大些），就把范围 [a，c] 划去；若下次实验在低处（取值小些），就把范围 [c，b] 划去。重复上面的实验，直到找到一个满意的实验点。假设长度为 1000 m 的地下电线出现断路故障，首先在 500 m 处的中点检测，如果线路是连通的就可以断定故障发生在后面的 500m 内；如果线路不连通就可以断定故障发生在前面的 500m 内。重复以上过程，每次实验就可以把查找的目标范围再减小一半，通过 n 次实验就可以把目标范围锁定在长度为 $(b-a)/2^n$ 的范围内。例如 7 次实验就可以把目标范围锁定在实验范围的 1% 之内；10 次实验就可以把目标范围锁定在实验范围的 1‰ 之内。由此可见对分法是种高效的单因素实验设计方法，只是需要目标函数具有单调性的条件。它不是整体设计，需要在每一次实验后再确定下一次实验位置，属于序贯实验。对分法的实验目的是寻找一个目标点，每次实验结果分为三种情况：

① 恰是目标点；

② 断定目标点在实验点左侧；

③ 断定目标点在实验点右侧。

实验指标不需要是连续的定量指标，可以把目标函数看作是单调函数。

只要适当选取实验范围，很多情况下实验指标和影响因素的关系都是单调的。例如钢的硬度和含碳量的关系，含碳量越高钢的硬度也越高，但是含碳量过高时会降低钢材的其他质量指标，所以规定一个钢材硬度的最低值，这时用对分法可以很快找到合乎要求的碳含量值。

例 4-4　单晶硅掺杂问题

单晶硅是电子工业的急需原料且价格高昂。目前主要通过直拉法制备。在超纯单晶硅中掺入微量的ⅢA族元素，可形 P 型硅半导体；掺入微量的ⅤA族元素，则形成 N 型硅半导体。根据经验可知，微量元素掺杂量少于 90mg，出现 P 型硅半导体；掺杂量多于 410mg 时，出现 N 型低电阻率单晶硅，现在使用对分法希望找出最合适的杂质掺杂量，以获得 N 型高电阻率单晶硅。（北京大学数学力学系应用数学组．做实验的对分法［J］．数学的实践与认识，1972．）

解： 首先在实验范围的中间点，即掺杂量为（90＋410）/2＝250（mg）处进行第 1 次实验。如果正好得到 N 型高电阻率的单晶硅，那么就找到了合适的掺杂量，实验到此结束；如果出现 N 型低电阻率单晶硅，则说明杂质加多了，则舍去 250mg 以上部分。第 2 次实验点选择 90mg 到 250mg 的中点 170mg。

如果第 1 次出现 P 型，说明 250mg 是加少了，则抛弃 250mg 以下部分，第 2 次选择 250mg 到 410 mg 的中点 330mg 进行实验。仿此进行下去，只要还没有找到适当掺杂量，每次实验后都缩小前次范围的一半。

经计算发现 6 次实验后杂质加入量相差不过 5mg，并且单晶硅的实际性能差别甚微，停止实验。可以看出，采用对分法只进行 6 次实验就能找到适当的杂质掺杂量。相同的范围内如果采用均分法，取 400mg、395mg、390mg、385mg、380mg、…、105mg、100mg，逐次下降，至少要 31 次才能达到不超过 5 mg 掺杂量的范围。

例 4-5　电镀铜光亮剂的选取

镀铜溶液在没有任何添加剂的情况下，往往是得不到光亮、整平，且具有优良机械性能的镀层。实际生产中加入酸铜光亮剂能够使得镀层变得极为光亮，同时改善镀液的分散能力。但添加剂在镀液中的作用如同中药配方，使用过量也会造成药物中毒。添加剂使用过量，不仅表面光洁度不会继续上升，甚至会降低镀层的质量，造成资源浪费的同时还会污染环境。已知某种酸铜光亮剂的加入范围为 0～11mL，现在使用对分法找到最合理的加入量。

解： 首先在实验范围的中点，即（0＋11）/2＝5.5（mL）处做第 1 次实验，电镀试样表面较为光亮，表面粗糙度已经达到要求，说明光亮剂已经足够，故舍去 [5.5，11] 这一段。

在 [0, 5.5] 范围内取中点 (0+5.5) /2＝2.75 （mL），实际在 2.8mL 处做第 2 次实验。结果发现，电镀试样表面比较暗淡无光，有轻微烧焦现象，这说明光亮剂用量不足，添加剂效果不明显，于是舍去 [0, 2.8] 这一段。

在 [2.8, 5.5] 范围内，取其中点 4.15mL，实际在 4.2mL 处做第 3 次实验，电镀试样表面较为光亮，也已经满足客户所要求的光洁度。故以 4.2mL 代替原配方的 11mL，不但节约了添加剂用量，降低了成本，同时保证了质量。

例 4-6 全机械电光分析天平快速称量方法

用全机械电光分析天平准确称量物品的质量时，称量速度慢是一个令人很伤脑筋的问题。例如用准确度为万分之一克的全机械电光分析天平称量，能够在 5min 内称好一个样品已算快的了。使用对分法完全可以在 1min 内得出准确的结果。现欲称量某化学物品的准确质量。

① 首先在托盘天平上称量出其质量为 16.8g，根据托盘天平的准确度，估计该化学物品的质量在 16.75～16.85g，然后在全机械电光分析天平上继续称量。

② 按对分法第一次加的砝码是 (16.75+16.85) /2＝16.80 （g），旋动天平下的旋钮，放下天平的托架，观察天平的平衡情况，右盘下沉，表示加的砝码多了，于是 16.80～16.85g 都大于此物品的质量，全部舍去，不再实验这部分。经过第一次称量，物品的质量确定在 16.75～16.80g。

③ 再按对分法，称量点在 (16.75+16.80) /2＝16.775 （g），所以应该加 16.77 g 砝码。10 μg 以下直接在投影屏上读数，不需要加微克级的砝码，以下操作同上述②。结果发现右盘下沉，故 16.77～16.80g 都多了，物品的质量应在 16.75～16.77g。

④ 第三次称量点选在 (16.75+16.77) /2＝16.76 （g），在右盘加 16.76g 砝码称量，由于该化学物品的质量与 16.77g 相差小于 10μg，这时就可以读出物品的质量为 16.768g。

可见，用对分法在全机械电光分析天平上称量一个样品质量，一般只进行 3～4 次操作就可以了，比用常规称量方法速度快几倍。

4.3 黄金分割法

黄金分割法又称为 0.618 法，从 20 世纪 60 年代起，由我国数学家华罗庚教授在全国大力推广的优选法就是这个方法。它适用于在实验范围内目标值为单峰的情况，是一个应用范围广阔的方法。

1964 年在中国科技大学任教期间，华罗庚带领他的助手和学生深入西南铁路建设中推广统筹法，在此期间遇到了这样一件事情。一名班长和一名士兵，他们在爆破山洞时，一次放了 22 支雷管，其中的一支失灵，出现哑炮。战士抢先冲进山洞，班长也跟着冲了进去，却都没有再走出来。华罗庚深深地被英雄的壮举感动了。作为一名数学家的华罗庚在想，难道这是不可避免的吗？工厂生产的雷管，为什么到现场使用时，要让人付出血的代价？难道只有用这种方式才能检验它是否合格吗，这里有生产管理的漏洞，也存在着应用数学的问题。回到学校后，华罗庚向师生们讲述了他从生产一线提炼出的数学应用问题。他说："这次在基层发现，实际生活中有两类问题：一类关于组织管理，一类关于产品的质量。把生产组织好，尽量减少窝工现象，找出影响工期的原因，合理安排时间，统筹人力、物力，使产品生产得更好、更快、更多，在这方面统筹法大有可为。再就是优选法，它能以最少的实验次数，迅速找到生产的最优方案，也就是尽快找出有关产品质量因素的最佳点，达到优质，减少浪费。"在之后的近 20 年间，华罗庚走遍祖国的山山水水，深入工厂、矿山，用深入浅出的语言向工程技术人员和基层管理人员介绍优选法和统筹法，从此优选法在全国遍地开花。

20 世纪 60 年代开始，华罗庚开始在全国范围内推广他的优选法和统筹法。经过 20 年左右的努力，产生了数以十亿计的巨大经济效益，被评为"全国重大科技成果奖"。宜宾美酒五粮液之所以能够成为中国第一名酒，其中就有华罗庚双选法的功劳。

1972 年，有外商提出，希望能销售五粮液低度酒。那时在国外低度酒还占主导地位。所以很多外国人对五粮液的高度数望而生畏。但国内不少人认为，五粮液好就好在高度，低度就要变味，就不是五粮液。

五粮液的度数为什么就不能降低呢？当时五粮液负责科研技术工作的刘沛龙琢磨起了这个问题。顶着各方压力，刘沛龙整整做了六年试验，但依然没有成功。

低度酒不是多掺点水就行，这是一个对酒质的全新要求，尤其对于五粮液这样的名优白酒来说，要求就更为严格。但刘沛龙不甘放弃，不分白昼地钻进了自己摆的酒阵。

直到 1978 年，华罗庚先生率领一个小分队来川推广优选法和统筹法，刘沛龙有幸参加了小分队在宜宾的活动，并听了多次讲学。当时的五粮液酒厂也十分重视这项工作，成立了双选办公室。刘沛龙如鱼得水，立即学以致用，以优选法来指导实验。刘沛龙利用优选法，终于解开了酒阵之谜。在一个星期的时间里，用优选法选出了 38 度和 35 度这两个最佳度数，然后将两种酒放进冰箱，静观其变。成功了！他原来担心的致浊程度和析出物状态已达到预期效果。经过过滤处理后，手中的酒晶莹剔透，像高度酒那么无色透明，口感很好，五粮液固有的风格特点并没有走样。尽管成功只用了六天工夫，但曾经摸爬滚打的六年却为他奠定了通向成功的基石。

喜庆之余，刘沛龙装了两瓶 38 度和 35 度低度酒，送给华罗庚先生，并在酒瓶上题了两句表示感谢的话："六年未成功，双法出成果。"

华罗庚先生闻知此事也非常高兴，欣然题诗回赠：

> 名酒五粮液，优选味更醇；
> 省粮五百担，产量增五成。
> 豪饮李太白，雅酌陶渊明；
> 深恨生太早，只能享老春。

后来刘沛龙又将 38 度改成 39 度，口感更醇净甘爽，在国际市场引起了不小震动，订货量猛增了 3 倍。国外对酒的税收额是随酒度数增减来收的，度数高税收就越高，度数低税收也更低。因此这一项出口就为国家节约了大额酒税，创造了丰厚的经济效益。

0.618 法的思想是每次在实验范围内选取两个对称点做实验，这两个对称点的位置直接决定实验的效率。理论证明这两个点分别位于实验范围 $[a, b]$ 的 0.382 倍和 0.618 倍的位置是最优的选取方法。这两个点分别记为 x_1 和 x_2，则

$$x_1 = a + 0.382 (b-a)$$
$$x_2 = a + 0.618 (b-a)$$

对应的实验指标值记为 y_1 和 y_2。如果 y_1 比 y_2 好则 x_1 是好点，把实验范围 $[x_2, b]$ 划去，保留的新的实验范围是 $[a, x_1]$；如果 y_2 比 $y1$ 好则 x_2 是好点，把实验范围 $[a, x_1]$ 划去，保留的新的实验范围是 $[x_2, b]$。不论保留的实验范围是 $[a, x_1]$ 还是 $[x_2, b]$，不妨统一记为 $[a_1, b_1]$。对这新的实验范围重新使用以上黄金分割过程，得到新的实验范围 $[a_2, b_2]$，$[a_3, b_3]$，…，逐步做下去，直到找到满意的、符合要求的实验结果。

通俗地说 0.618 法就是一种来回调试法，这是在日常生活和工作中经常用的方法。0.618 法可以用下面的一个简单的演示加以说明。

假设某工艺中温度的最佳点在 0～1000℃，实验指标是温度的单峰函数，而且越大越好。如果采用均分法每隔 1℃ 做一个实验，共需要做 1001 次实验。现在使用 0.618 法寻找温度的最佳点，步骤如下：

① 首先准备一张 1m 长的白纸，在纸上任意画出一条单峰曲线。

② 用直尺找到 0.618m，记为 x_2。

③ 将纸对折，找到 x_2 的对称点（也就是 0.382m），记为 x_1。

④ 比较 x_1 和 x_2 两点曲线的高度，如果曲线在 x_1 处高则 x_1 是好点，把白纸从 x_2 的右侧剪下；如果曲线在 x_2 处高，则 x_2 是好点，把白纸从 x_1 的左侧剪下。

⑤ 在剩余的白纸上只有一个实验点，不论是 x_1 还是 x_2，找出其对称点。不妨将其小者（左边的点）记为 x_1，将其大者（右边的点）记为 x_2。

⑥ 重复以上第④、⑤两步，直到白纸只剩下 1mm 宽为止，这就是实验所要找的最佳点。

用 0.618 法做实验时，第一步需要做两个实验，以后每一步只需要再做一次实验。如果在某一次实验中，x_1 和 x_2 的实验指标相同，则可以只保留 x_1 和 x_2 之间的部分作为新的实验范围。

0.618 法是一种简易高效的方法，每次实验舍去实验范围的 0.382 倍，保持 0.618 倍，经 n 步实验后保留的实验范围至多是最初的 0.618^n 倍。例如当 $n=10$ 时，保留的实验范围不足最初的 1%。但其实用效率受到测量系统精度的影响。如果测量系统的精度较低，以上过程重复几次后就无法再继续进行下去。

黄金分割优选法的应用，必须首先解决以下几个问题。

（1）确定目标

首先要确定实验的目的是什么，也就是说通过实验要达到什么目的。目标多种多样，如希望产量高、质量好、周期短、成本低等。目标可以是定量的，也可以是定性的。总之实验前必须弄清楚目标。

（2）确定影响因素

确定了目标以后，要分析影响目标的因素。也就是说在实验时哪些因素会影响目标。这

里注意抓主要矛盾，抓影响目标关系大的一些因素，也就是抓主要因素。

（3）确定实验范围

确定了影响因素以后就要进一步确定实验的范围，范围太大，会增加实验的次数，范围太小，有可能把最优点排除在外边。因此，要恰当地确定范围。

在确定了目标、影响因素、范围以后就可以进行实验。实验的步骤一般为：

第一步先确定第一个实验点并进行实验。第一个实验点应确定在（大数－小数）×0.618＋小数的位置。

用数学方法表示为，假设函数 $f(X)$ 在区间 $[a, b]$ 上有一极大值，设 $L=b-a$，$w=0.618$，则第一个实验点的位置 $x_1=0.618(b-a)+a$ 处，第一个实验点实验结束后，记录实验结果。

第二步在 x_1 的对称点处确定第二个实验点并进行实验。第二个实验点应在 0.382（大数－小数）＋小数的位置。用数学方法表示即为：$x_2=0.382(b-a)+a$。第二个实验点实验结束后，记录实验结果。

第三步比较两次实验结果，舍"劣"取"优"。即留下好点部分，去掉实验的坏点部分。用数学方法表示即如果 x_1 实验结果 y_1 大就去掉 (a, x_2)，留下 (x_2, b) 继续实验，如果 x_2 实验结果 y_2 大，就去掉 (x_1, b)，留下 (a, x_1) 继续实验。

第四步在剩下部分重复上述实验，直到获得满意的结果为止。

黄金分割法适用于实验指标或者目标函数是单峰函数的情况，要求实验因素水平可以精确度量，但实验指标只要能够比较好坏就可以，实验指标既可以是定性的也可以是定量的。

例 4-7　合金钢中合金元素加入量的优化

炼某种合金钢，需要添加某种化学元素以增加强度，加入范围为 1000～2000g，求最佳加入量。

解：第一步，在实验范围长度 0.618 处做第 1 个实验：

$$x_1=1000+0.618\times(2000-1000)=1618\ (\text{g})$$

第二步，在实验范围长度 0.383 处做第 2 个实验：

$$x_2=1000+0.382\times(2000-1000)=1382\ (\text{g})$$

第三步，比较 x_1 和 x_2 的强度。假设 x_1 点比较好，则去掉 $[1000, 1382]$ 段。留下 $[1382, 2000]$，则

$$x_3=大+小-第一点=2000+1382-1618=1765\ (\text{g})$$

第四步，比较 x_3、x_2 的结果，再去掉效果差的那个实验点范围，如此反复，直到得到较好的实验结果为止。

例 4-8　冷硬铸铁辊加工刀具的优化

由于冷硬铸铁辊毛坯表面有约 25mm 的冷硬层，冷硬层的硬度很高，往往很难加工且刀具磨损快，平均十几分钟就需要磨一次刀，导致生产效率较低。研究人员认为其主要原因是刀具主偏角太大，刀尖薄弱导致。现在希望对刀具的主偏角进行优化，因刀具主偏角不宜过大，所以优化范围为 0°～45°，试找出最佳角度。（陈锡渠．用 0.618 法优化冷硬铸铁辊的

加工［J］．机械设计与制造工程，1999（1）：56-57．）

解：本例采用 0.618 法，第 1 步，在实验区间的黄金分割点 x_1 处进行实验：

$$x_1 = 0 + 0.618 \times (45 - 0) = 27.81(°)，取整后记为 28°$$

第 2 步，在实验区间的 0.382 处进行第 2 个实验：

$$x_2 = 0 + 0.382 \times (45 - 0) = 17.19(°)，取整后记为 17°$$

第 3 步，比较 x_1 和 x_2 两点的实验结果发现，x_1 点处实验结果较好，则去掉 0°～17°段，留下 17°～45°，则

$$x_3 = (45 + 17) - x_1 = 34(°)$$

第 4 步，比较 x_1 和 x_3 两点的实验结果发现，x_1 点处实验结果较好，则去掉 34°～45°段，留下 17°～34°，则

$$x_4 = (34 + 17) - x_1 = 23(°)$$

经实验比较，主偏角为 23°时刀具耐久度上升明显。这是由于刀具主偏角减小相应增加了刀尖强度，极大地缩短了轧辊加工所需时间，提高了加工效率。

例 4-9　深筒制件的首次拉深系数

首次拉深系数对深筒制件多次拉深成形的后续拉深工艺和成形件的质量有重要影响。首次拉深系数过小，会导致严重的加工硬化，在后续拉深过程中容易发生破裂；首次拉深系数过大，则会使拉深次数增加，增加加工成本。因此，选择适当的首次拉深系数是确定多次拉深工艺的关键。（陈邑，黄珍媛，肖尧，等．基于 0.618 法的深筒制件首次拉深系数判定方法［J］．锻压技术，2017，42（06）：51-55．）

假设某次拉深的板材拉深系数范围为 [0.24，0.8]，以试件拉深完全成形时的板厚最大减薄率 11% 为目标，试确定拉深制件的首次拉深系数。

解：本例使用黄金分割法，在区间 [0.24，0.8] 上选取黄金分割点 x_1 进行实验：

$$x_1 = 0.24 + 0.618 \times (0.8 - 0.24) = 0.58608$$

为了方便计算我们人为将结果记为 0.59。经过测量，此时材料的最大减薄率为 9%，仍然小于目标值 11%，因此，将第 2 次实验的拉深系数范围设定为 [0.24，0.59]。

根据首次实验得到的新拉深系数范围，计算出第 2 次实验的拉深系数为 04536，同样为了方便计算记为 0.45。通过测量发现此时深筒制件严重减薄，因此，应当调整拉深系数范围的下限，将拉深系数范围设定为 [0.45，0.59] 进行第 3 次实验。

第 3 次实验的拉深系数为 0.5365，取整记为 0.54，通过测量发现此刻材料的最大减薄率为 10.57%，接近目标值 11%。

如果继续使用 0.618 法进行计算肯定会得到更精确的拉深系数，但考虑到圆整筒径带来的影响以及数值模拟本身存在的误差，继续消耗计算资源提高精度并没有更大的实际意义，因此停止实验。最终得到首次拉深最大减薄率 11% 时的拉深系数为 0.54。

4.4　分数法

分数法适用于实验要求预先给出实验总数（或者知道实验范围和精确度，这时实验总数

就可以算出）。在这种情况下，用分数法比 0.618 法方便，且同样适合单峰函数。

首先介绍斐波那契数列：

1，1，2，3，5，8，13，21，34，55，89，114，…

用 F_0、F_1、F_2、…依次表示上述数串，它们满足递推关系：

$$F_n = F_{n-1} + F_{n-2} (n \geq 2)$$

当 $F_0 = F_1 = 1$ 确定后，斐波那契数列就完全确定了。

现在分两种情况叙述分数法。

（1）所有可能的实验总数正好是某一个 $F_n - 1$

这时前两个实验点放在实验范围的 F_{n-1}/F_n、F_{n-2}/F_n 的位置上，也就是先在第 F_{n-1}、F_{n-2} 点上做实验。比较这两个实验的结果，如果第 F_{n-1} 点好，划去第 F_{n-2} 点以下的实验范围；如果第 F_{n-2} 点好，划去 F_{n-1} 点以上的实验范围。

在留下的实验范围中，还剩下 $F_{n-1} - 1$ 个实验点，重新编号，其中第 F_{n-2} 和 F_{n-3} 分点，有一个是刚好留下的好点，另一个是下一步要做的新实验点，两点比较后同前面的做法一样，从坏点把实验范围切开，短的一段不要，留下包含好点的长的一段，这时新的实验范围就只有 $F_{n-2} - 1$ 实验点。以后的实验，照上面的步骤重复进行，直到实验范围内没有应该做的好点为止。

容易看出，用分数法安排上面的实验，在 $F_{n-1} - 1$ 个可能的实验中，最多只需做 $n-1$ 个就能找到它们中最好的点。在实验过程中，如遇到一个已满足要求的好点，同样可以停下来，不再做后面的实验。利用这种关系，根据可能比较的实验数，马上就可以确定实际要做的实验数，或者是由于客观条件限制能做的实验数。譬如最多只能做 k 个，就把实验范围分成 F_{k+l} 等份，这样所有可能的实验点数就是 $F_{k+l} - 1$ 个，按上述方法，只做 k 个实验就可使结果得到最高的精密度。

（2）所有可能的实验总数大于某一个 $F_n - 1$ 而小于 $F_{n+1} - 1$

只需在实验范围之外虚设几个实验点，虚设的点可安排在实验范围的一端或两端，凑成 $E-1$ 个实验，就化成情况（1）。对于虚设点，并不真正做试验，直接判断其结果比其他点都坏，实验往下进行。很明显，这种虚设点并不增加实际实验次数。

例 4-10　切削刀具的最优转速

在金属切削加工中，刀具的转速对刀具磨损和刀具耐用度以及加工精度均有着明显的影响。优化切削加工过程，对提高切削效率、保证加工质量和降低加工成本具有重要作用。现拟用分数法选其最优转速。转速级数作为优化变量，根据硬质合金刀具的特性，避免在过低的转速进行实验，故在第 8 级至第 21 级之间进行搜索实验。（郭岳. 单因素最优化法在切削试验中的应用研究 [J]. 山西矿业学院学报，1996（4）：306-311.）

解：由题意可知，在第 8 级至第 21 级之间进行搜索实验，总次数为 12 次，由斐波那契数列可知：$F_n - 1 = 12$，即 $F_n = 13$，$n = 6$。切削速度实验点如表 4-1 所示。

表 4-1　切削速度实验安排

序号	0	1	2	3	4	5	6
转速（r/min）	8	9	10	11	12	13	14
序号	7	8	9	10	11	12	13
转速（r/min）	15	16	17	18	19	20	21

第 1 个实验点选在 F_{n-1}（序号 8），第二个实验点选在 F_{n-2}（序号 5），也就是选用第 13 级和第 16 级转速作为第 1、第 2 次初始切削实验速度。结果发现第 13 级转速优于第 16 级转速，故取新的搜索区间为（8，16），再重新编号，见表 4-2。

表 4-2　第二次切削速度实验安排

序号	0	1	2	3	4	5	6	7	8
转速（r/min）	8	9	10	11	12	13	14	15	16

对于表 4-2，由斐波那契数列可知：$F_n-1=7$，即 $F_n=8$，$n=5$。第 1 个实验点选在 F_{n-1}（序号 5），第二个实验点选在 F_{n-2}（序号 3），即选用第 11 级转速作为第 3 次切削实验速度。结果发现第 11 级转速远远差于第 13 级转速，故取新的搜索区间（11，16）。

按上述规律再以 14 级转速做第 4 次切削实验，发现其效果优于 13 级转速。最后取 15 级转速作为第 5 次切削实验速度，发现结果差于 14 级转速，故取第 14 级转速作为最佳值。

可见采用分数法只用 5 次实验就可选出最佳转速。如果一级一级地做切削实验，要用 13 次才能完成。

4.5　抛物线法

不管黄金分割法还是分数法，只是比较两个实验结果的好坏，而不考虑目标函数值。抛物线法是根据已得的三个实验数据，找出抛物线分成，然后求出该抛物线的极大值，作为下次实验的根据，具体方法如下：

① 在三个实验点 x_1、x_2、x_3，且 $x_1 < x_2 < x_3$，分别得试验值 y_1、y_2、y_3，根据拉格朗日（Lagrange）插值法可以得到一个二次函数：

$$y = \frac{(x-x_2)(x-x_3)}{(x_1-x_2)(x_1-x_3)} y_1 + \frac{(x-x_1)(x-x_3)}{(x_2-x_1)(x_2-x_3)} y_2 + \frac{(x-x_2)(x-x_1)}{(x_3-x_2)(x_3-x_1)} y_3 \quad (4-1)$$

② 设二次函数在 x_4 处取得最大值：

$$x_4 = \frac{1}{2} \frac{y_1(x_2^2 - x_3^2) + y_2(x_3^2 - x_1^2) + y_3(x_1^2 - x_2^2)}{y_1(x_2 - x_3) + y_2(x_3 - x_1) + y_3(x_1 - x_2)} \quad (4-2)$$

③ 在 $x = x_4$ 处做试验，得实验结果 y_4。假定 y_1、y_2、y_3，y_4 中的最大值是由 x_i' 给出。除 x_i' 之外，在 x_1、x_2、x_3 和 x_4 中取较靠近 x_i' 的左右两点，将这三点记为 x_1'、x_2'、x_3'，此处 $x_1' < x_2' < x_3'$，若此处的函数值分别为 y_1'、y_2'、y_3'。根据 Lagrange 插值法又可以

得到一个二次函数。如此反复，直到函数的极大点（或它的充分邻近的一个点）被找到为止。

粗略地说，如果穷举法需要做 n 次实验，则黄金分割法只要 $\lg n$ 次就可以达到，而抛物线法效果更好，只需 $\lg(\lg n)$ 次。原因在于黄金分割法没有较多地利用函数的性质，做两次实验，比一比，就把它舍掉了。抛物线法则对实验结果进行了数量方面的分析。

抛物线法常常用在 0.618 法或分数法取得一些数据的情况，这时能收到更好的效果。此外，建议做完了 0.618 法或分数法的实验后，用最后三个数据按照抛物线法求出 x_4 并预估其数值，然后将该数值与已获得的最佳值做比较，以此为是否在点 x_4 处再做一次实验的依据。

例 4-11　确定最高硬度的合金中元素含量

测定某元素含量与硬度的关系如表 4-3 所示，如何利用抛物线法尽快找到最佳含量。

表 4-3　元素含量（质量分数）与硬度的关系

含量 $x/\%$	8	20	32
硬度（HB）y	50	75	70

解： x_4 点为：

$$x_4 = \frac{1}{2}\left[\frac{y_1(x_2^2 - x_3^2) + y_2(x_3^2 - x_1^2) + y_3(x_1^2 - x_2^2)}{y_1(x_2 - x_3) + y_2(x_3 - x_1) + y_3(x_1 - x_2)}\right] = 24$$

接下来的实验应在 24% 做。实验表明该处的硬度 78 达到了要求，实验一次成功。

例 4-12　铝青铜延伸率与铝含量的关系

测定铝元素含量与铝青铜延伸率关系如表 4-4 所示，为获得较高延伸率，如何利用抛物线法尽快找到最佳铝含量？

表 4-4　不同铝含量（质量分数）下铝青铜的延伸率

铝含量/%	0	2	8
延伸率/%	40	55	60

解： 从表 4-4 中选取三个实验点 x_1、x_2、x_3 且 $x_1 < x_2 < x_3$，分别得到实验值 y_1、y_2、y_3，再通过拉格朗日插值法得到的二次函数并假设在 x_4 处取得最大值：

$$x_4 = \frac{1}{2}\left[\frac{y_1(x_2^2 - x_3^2) + y_2(x_3^2 - x_1^2) + y_3(x_1^2 - x_2^2)}{y_1(x_2 - x_3) + y_2(x_3 - x_1) + y_3(x_1 - x_2)}\right] = 5.5(\%)$$

通过实验发现当铝含量为 5.5% 时，合金的延伸率平均值约为 65%，高于 8% 和 2%，达到了预期的要求。通过拉格朗日插值法还可以计算出含铝量 5.5% 时延伸率的预测值 y，只需将选取实验点数据带入二次函数中：

$$y = y_1\frac{(x - x_2)(x - x_3)}{(x_1 - x_2)(x_1 - x_3)} + y_2\frac{(x - x_2)(x - x_3)}{(x_1 - x_2)(x_1 - x_3)} + y_3\frac{(x - x_2)(x - x_3)}{(x_1 - x_2)(x_1 - x_3)}$$
$$= 65.5(\%)$$

4.6 分批实验法

在有些情况下做完一个实验要较长时间才能得到实验结果，这样采用序贯实验法要很长时间才能最终完成实验。另外，在有些实验中，做一个实验的费用和做几个实验的费用相差无几，此时也希望同时做几个实验以节省费用。有时为了提高实验结果的可比性，也要求在同一条件下同时完成若干个实验。在上述这些情况下，就要采用分批实验法。分批实验法可分为均分分批实验法和比例分割分批实验法两种。

(1) 均分分批实验法

分批实验法就是每批实验均匀地安排在实验范围内。例如，每批做四个实验，可以将实验范围均匀地分为五份，在其四个分点 x_1、x_2、x_3、x_4 处做四个实验。然后同时比较四个实验结果，如果 x_3 好，则去掉小于 x_2 和大于 x_4 的部分。然后在留下的 $x_2 \sim x_4$ 范围内再均分六等分，在未做过实验的四个分点上再做四个实验，这样进行下去，就可获得最佳点。用这个方法第一批实验后范围缩小为 2/5，以后每批实验后都缩小为前次范围的 1/3。

对于一批做偶数个实验的情况，均可仿照上述方法安排实验。假设做 $2n$ 个实验（n 为任意整数），则可将实验范围均分为 $2n+1$ 份，在 $2n$ 个分点 x_1、x_2、$\cdots$、x_{2n} 上做 $2n$ 个实验，如果 x_i 最好，则保留 (x_{i-1}, x_{i+1}) 部分作为新的实验范围，将其均分为 $2n+2$ 份，在未做过实验的 $2n$ 个分点上再做实验，这样继续下去，就能找到最佳点。用这个方法，第一批实验后范围缩小为 $2/(2n+1)$，以后每批实验都是将 $2n$ 个实验点均匀地安排在前一批实验好点的两旁，实验后范围缩小为前批实验范围的 $1/(n+1)$。

(2) 比例分割分批实验法

这种方法是将实验点按比例地安排在实验范围内。当每批做偶数个实验时，可采用上面介绍的均分分批法安排实验。当每批做奇数个实验时，可采用以下方法：

设每批做 $2n+1$ 个实验，首先把含优区间分为 $2n+2$ 份，并使其相邻两段长度分别为 a 和 b（$a>b$）。第一批实验就安排在 $2n+1$ 个分点上。根据第一批实验结果，在好点左右分别留下一个 a 区和 b 区。然后把新含优区间 $a+b$ 中的 a 段分成 $2n+2$ 份，使相邻两段为 a_1 和 b_1（$a_1>b_1$），并使 $a_1=b$，令 $b/a=b_1/a_1=\lambda$，其中 $\lambda=0.5\left(\sqrt{\dfrac{n+5}{n+1}}-1\right)$。则 $b=\lambda a$。用上述方法安排实验，一直进行下去，直到得到满意结果为止。

4.7 单因素优选法在材料科学与工程中的应用

学习优选法的最终目的在于应用，单因素优选法在材料科学与工程科研、生产等领域得到了广泛的应用，下面结合编者的科研工作举例说明。

例 4-13 采用均分法获得拉伸应变-应力曲线中的屈服强度

屈服强度是材料性能中不可缺少的重要指标。金属材料的拉伸曲线有两种形式，退火或热轧的低碳钢和中碳钢等材料拉伸曲线中存在明显的屈服平台，如图 4-1 所示。而其他金属材料在拉伸时，无明显的屈服现象产生，如图 4-2 所示。因此，国标 GB/T 33228—2016 规定：发生 0.2％残余伸长的应力作为屈服点，此时的强度值即为屈服强度，用 $R_{p0.2}$ 表示。铸铁不发生明显塑性变形，属于脆性材料，因而定义其残余塑性变形为 0.2％时的应力值为其屈服强度。

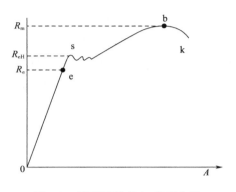

图 4-1　低碳钢的应力-应变曲线

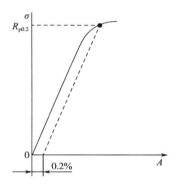

图 4-2　铸铁的应力-应变曲线

当拉伸实验次数较少的时候可以通过 Origin 软件绘制应变-应力曲线，然后平行于曲线的直线部分绘制一条平行线，将该平行线移动，使之与 X 轴相交于 (0.002，0) 点，并将该平行线延长，使之与应变-应力曲线相交，交点的应力值就是 $R_{p0.2}$。

当拉伸实验次数较多的时候，通过重复上面的步骤获得其他曲线 $R_{p0.2}$ 的方法耗时，是个体力活，而且容易出错。编者在 2011 年做某合金室温力学性能尺寸效应实验时，拉伸实验数达到近 300 次，一开始编者是通过绘图再测量的方法，花了一个月的时间才处理完，非常耗时。鲁迅先生曾经说"时间就像海绵里的水，只要愿意挤，总还是有的"。采用计算机来完成大量可重复的事情也是一种"挤"时间的有效方法。为了加快速度，减少错误，编者采用 Matlab 编制了小程序来完成上述工作，关键步骤包括：

① 确定直线部分斜率 k：可以通过直线部分的数据求得。

② 建立平行线方程：根据斜率 k、点 (0.002，0) 可以建立平行线方程 $Y = f(x)$。

③ 求解平行线与拉伸曲线的交点即为 $R_{p0.2}$：万能力学试验机提供的是力和位移的离散数据，如图 4-2 所示的两段直线加过渡区构成的拉伸曲线拟合方程在过渡区处容易出现较大的误差，而 $R_{p0.2}$ 就在过渡区。通过拟合拉伸曲线方程和平行线方程求解获得 $R_{p0.2}$ 存在困难。因此求解平行线与拉伸曲线交点的问题变成了求直线与离散点组交点的问题。编者采用了均分法的办法求得了该交点：通过均分法找到拉伸曲线中两个实测点 (x_1, y_1) 和 (x_2, y_2) 保证 $Y_1 = f(x_1) > y_1$，$Y_2 = f(x_2) < y_2$，然后通过实测点 (x_1, y_1) 和 (x_2, y_2) 建立直线方程 $Y = \varphi(x)$。根据数学知识就可以求出 $f(x)$ 与 $\varphi(x)$ 的交点，该交点就是所求得的 $R_{p0.2}$ 值。

通过上述方法再次获得实验 $R_{p0.2}$ 时，只需要 20min 左右就完成了工作。而且这个小程序还可以用于其他类似的工作中，极大地提高了效率。

当然也可以将拉伸曲线［设其函数为 $Y=P(x)$］应变各点 x_i 对应的平行线方程 $Y_i=f(x_i)$ 值求出来，建立一个新的函数 $G(x)=P(x)-f(x)$，采用对分法找 x_1 和 x_2，使得 $G(x_1)>0$，$G(x_2)<0$，再将两点 ［x_1，$P(x_1)$］、［x_2，$P(x_2)$］拟合成方程，求该方程与平行线方程 $f(x)$ 的交点。

例 4-14　轧制复合制备 Al/Mg/Al 叠层板过程中的临界强度

Al/Mg/Al 叠层复合材料，既弥补了镁合金耐蚀性差、耐磨性差等缺点，又兼具了两种合金的优异性能，具有广阔的应用前景。金属叠层复合材料的制备方法主要有：轧制复合法、爆炸复合法、爆炸制坯-轧制复合法、扩散焊接、铸轧法等。轧制复合法是指将两种或者两种以上的金属待复合表面相互接触，在轧机的强大压力下，两层金属的待复合表面发生塑性变形，表面硬化层破裂，洁净而活化的金属从金属表面裂缝中挤出而实现牢固结合的一种方法。轧制复合简化模型如图 4-3 所示。

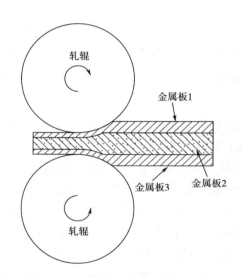

图 4-3　简化的轧制复合模型

编者在 2007 年至 2010 年间开展了 Al/Mg/Al 叠层板轧制复合研究，通过有限元模拟发现热轧过程中界面固定点应力演变如图 4-4 所示，表明存在界面结合形成阶段和形成后阶段。这就说明轧制复合除了要保证两层金属的待复合表面发生塑性变形（即形成界面结合）之外，还要保证形成的结合强度能够抵抗后续拉应力的破坏。针对这一现象，编者提出了轧制复合新判据：①待复合表面发生足够的塑性变形；②形成的界面能够抵抗后续拉应力的破坏，即界面结合强度要大于临界结合强度。

临界结合强度可以通过有限元模拟的方法获得，如在 Deform 3D 有限元模拟软件中可以设置界面分离所需要的强度。因此求临界结合强度的问题就转化为在 Deform 3D 软件模拟轧制复合时要设置最小的界面分离强度值以保证界面刚好不分离。编者首先采用 Gleeble 热模拟试验机测量了温度范围为 250～450℃、应变速率为 0.1～20s^{-1} 的 7075 铝合金、

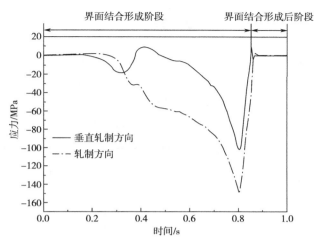

图 4-4　热轧过程中界面固定点应力演变

AZ31 镁合金的高温流变曲线，将这些曲线导入 Deform 3D 软件中作为材料的本构模型。根据室温下结合强度的实测值，确定出临界结合强度可能的取值范围 [0，100]，单位为 MPa。

采用对分法设置界面分离强度，即先设界面分离强度为 100MPa，运行软件模拟，发现界面不分离。设置界面分离强度为 50MPa，运行软件模拟，观察界面是否分离。根据观察结果设置界面分离强度并运行。如此反复，直到找到临界结合强度。临界结合强度的精度设为 1MPa，即每次需要设置的值均取整。

编者进一步将上述新的轧制复合判据应用到了爆炸复合的 Al/Mg/Al 叠层板轧制开裂现象的研究中。爆炸复合的 Al/Mg/Al 叠层复合材料室温界面结合强度达到 72MPa，但是再轧制处理的话非常容易发生开裂现象，实验结果如表 4-5 所示。

表 4-5　爆炸复合的 Al/Mg/Al 叠层板轧制开裂结果

叠层板轧前厚度/mm	叠层板轧后厚度/mm	压下率/%	轧制温度/℃	结果
22.5	20	11.1	200	开裂
26	25	3.8	250	开裂
26	22	15.4	300	开裂
26	25	3.8	300	开裂
22.5	22	2.2	300	开裂
22.5	22.2	1.3	300	没有开裂
22.2	21.9	1.4	300	开裂

编者对该轧制过程进行了模拟，发现正因为在轧制后期存在的拉应力破坏了已结合的铝合金与镁合金界面。

习 题 4

4.1 希望通过实验设计的方法找到使钢强度达到 500MPa 以上的最低含碳量。可用的数据为实测的碳含量 x（质量分数，%）在 [0.01，0.50] 范围内的强度 y（MPa）值，如下表所示。（1）通过均分法安排实验；（2）通过对分法安排实验；（3）通过构造适当的目标函数，用分数法安排实验；（4）比较上述方法的实验条件和效率。

$x/\%$	y/MPa	$x/\%$	y/MPa	$x/\%$	y/MPa	$x/\%$	y/MPa	$x/\%$	y/MPa
0.01	277	0.11	391	0.21	551	0.31	681	0.41	811
0.02	307	0.12	420	0.22	564	0.32	694	0.42	825
0.03	315	0.13	433	0.23	577	0.33	707	0.43	838
0.04	324	0.14	446	0.24	590	0.34	720	0.44	851
0.05	355	0.15	460	0.25	603	0.35	733	0.45	864
0.06	356	0.16	473	0.26	616	0.36	746	0.46	877
0.07	385	0.17	486	0.27	629	0.37	759	0.47	890
0.08	387	0.18	499	0.28	642	0.38	772	0.48	903
0.09	390	0.19	512	0.29	655	0.39	785	0.49	916
0.1	391	0.2	525	0.3	668	0.4	798	0.5	929

4.2 一段网络光纤内有 15 个接点，某接点发生了故障，为了找到故障点，至多需要检查接点的个数是多少？

4.3 拟在 100～200℃ 温度范围内确定最佳的加热温度，假设精度为 1℃。试计算使用均分法、对分法、0.618 法达到上述精度所需要的实验次数。

第5章

多因素实验设计

本章教学重点

知识要点	具体要求
多因素实验	掌握多因素实验定义、应用场合
因素轮换法	掌握因素轮换法思想、实施方法、优缺点
随机实验法	掌握随机实验法定义、实施方法、优缺点；掌握随机化的含义
全面实验法	掌握全面实验法定义、实施方法、优缺点
拉丁方实验法	了解拉丁方实验法定义、实施方法、优缺点

　　影响实验指标的因素有时很多，当在实验中考察两个及以上的影响因素时，这种实验称为"多因素实验"。在实际的实验工作中，多因素实验最大问题是实验次数太多，比如影响产品质量的因素有 3 个，每个因素取 3 个不同水平进行比较，将会出现 27 种不同的实验条件。理论上认为只有经过完全因素位级组合后的全部实验，才能准确找出最佳的因素水平组合，即最佳的实验方案。当因素、水平数比较多时，要实现完全因素水平组合的全部实验在人力、物力和时间上几乎都不大可能。如何选择合理的、适宜的实验方案也就显得尤为重要。多因素实验设计在实验设计方法中占主导地位，具有丰富的内容。常用的多因素实验设计方法包括因素轮换法、随机实验法、拉丁方实验法、全面实验法、正交实验设计法和均匀实验设计法等。本章主要介绍因素轮换法、随机实验法、全面实验法和拉丁方实验法。第 6 章介绍正交实验设计法，第 7 章介绍均匀实验设计法。

5.1 多因素优选实验概述

　　多因素优化实验设计在很多领域都有广泛应用，并取得了巨大的效益。20 世纪 60 年代期间，日本推广的田口方法（即正交设计）应用正交表超过 100 万次，对日本的工业发展起到了巨大的推进作用。实验设计技术已成为日本工程技术人员和企业管理人员必须掌握的技术，是工程师的共同语言。日本每年有数百家公司应用田口方法完成数万个项目。丰田汽车公司、日产汽车公司、松下电器公司、新日铁公司、富士胶卷公司、日本软件技术公司等几乎所有大公司都在积极推广应用田口方法。丰田汽车公司对田口方法的评价是："在为公司产品质量改进做出贡献的各种方法中，田口方法的贡献占 50%。"

从 20 世纪 20 年代以来，欧美等工业发达国家也积极推广使用实验设计方法，但他们所使用的实验设计方法多局限于数学方法深奥的析因设计。从 20 世纪 80 年代开始，田口方法引入美国，首先在福特汽车公司获得成功应用，该公司每年都有上百个典型田口方法应用的成功案例。目前，美国的三大汽车公司、国际电报电话公司、柯达、杜邦、渡音、IBM 等上千家大公司都在大力使用田口方法和各种实验设计技术。可以说实验设计技术是过去 50 年日本工业快速增长的决定性因素，也是今后国际间工业竞争的重要因素。

我国在 20 世纪六七十年代曾大力推广以优选法为主的实验设计技术，也取得了很多成果。但是由于十年动乱的影响，这些推广工作多半仅流于形式。从 1979 年伴随着我国推广全面质量管理以来以正交设计为主的各种实验设计方法也在我国广泛推广、使用，取得了大量的成果。据粗略估计，仅正交设计的应用成果就在 10 万项以上。1978 年我国数学家王元和统计学家方开泰发明了均匀设计方法，从 20 世纪 90 代开始均匀设计在我国得到广泛应用，为实验设计的理论发展和实际应用都增添了丰富的内容。

5.2 因素轮换法

因素轮换法也称为单因素轮换法（俗称瞎子爬山），是解决多因素实验问题的一种非全面实验方法，是在实际工作中工程技术人员普遍采用的一种方法。其思路是：每次实验中只变化一个因素的水平，其他因素的水平保持固定不变，希望逐一地把每个因素对实验指标的影响摸清，分别找到每个因素的最优水平，最终找到全部因素的最优实验方案。

这种方法的缺陷在于只适合于因素间没有交互作用的情况。当因素间存在交互作用时，每次变动一个因素的做法不能反映因素间交互作用的效果。实验的结果受起始点影响，如果起始点选得不好，就可能得不到好的实验结果，对这样的实验数据也难以做深入的统计分析，是种低效的实验设计方法。

尽管因素轮换法有以上缺陷，但由于方法简单，并且具有以下优点，因此目前仍然被实验人员广泛使用。

① 从实验次数看因素轮换法是可取的，其总实验次数最多是各因素水平数之和。例如 5 个 3 水平的因素用因素轮换法做实验，最多的实验次数是 15 次。而全面实验的次数是 $3^5 = 243$ 次。如果因素水平数较多，可以用单因素优化设计方法寻找该因素的最优实验条件。

② 在实验指标不能量化时也可以使用。例如比较饮料的味觉，只需要在每两次相邻实验的饮料中选出一种更可口的。

③ 属于爬山实验法，每次定出一个因素的最优水平后就会使实验指标更提高一步，离最优实验目标（山顶）更接近一步。

④ 因素水平数可以不同。

图 5-1 显示了因素轮换法实验过程。假设有 A、B、C 三个因素，水平数分别为 3、3、4，选择 A、B 两因素的 2 水平为起点，首先把 A、B 两因素固定在 2 水平，分别与 C 因素的 4 个水平搭配做实验，如果 C 因素取 2 水平时实验效果最好，就把 C 因素固定在 2 水平，如图 5-1（a）所示。

然后再把 A、C 两因素固定在 2 水平，分别与 B 因素的 3 个水平搭配做实验（其中 B 因素的 2 水平实验已经做过，可以省略），如果 B 因素取 3 水平时实验效果最好，就把 B 因素固定在 3 水平，如图 5-1（b）所示。

最后再把 B、C 两因素分别固定在 3 水平和 2 水平，分别与 A 因素的 3 个水平搭配做实验（其中 A 因素的 2 水平实验已经做过），如果 A 因素取 2 水平时实验效果最好，就得到最优实验条件是 A2B2C2，如图 5-1（c）所示。

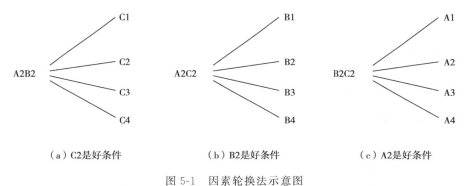

（a）C2是好条件　　　　　　（b）B2是好条件　　　　　　（c）A2是好条件

图 5-1　因素轮换法示意图

例 5-1　优化铝青铜的元素配比

铝青铜是性能优异的结构材料，实际应用时常在铜铝二元合金中添加铁、锰、镍等元素形成多元铝青铜，从而提高材料性能。为获得具有良好综合性能的铝青铜，在二元铜铝合金中添加不同含量的铁、锰、镍元素改变其内部结构以获得所需性能。实验组中各因素水平情况如下：

Ni（质量分数,%）：3、3.5、4、4.5、5

Fe（质量分数,%）：1、1.5、2、2.5、3、3.5、4

Mn（质量分数,%）：11、12、13、14、15

试优化铝青铜的元素配比。

解： 因素轮换法最优化元素配比的实验步骤：

① 确定 Ni 的最优含量　Al 含量固定为 8%，Fe 和 Mn 含量分别设为含量变化区间中值，Fe 为 2.5%，Mn 为 13%，Ni 含量为上述五个水平，其余部分为 Cu 元素，熔炼出的样品性能测试结果表明添加镍提高铸件耐腐蚀性，减缓冷脆性，5.0% 为 Ni 的最优含量。

② 确定 Fe 的最优含量　Al 含量固定为 8%，Ni 含量设为最优值 5%，Mn 含量设为

13%，Fe含量为上述七个水平，其余为Cu元素，重复实验，结果表明适量Fe的加入有利于晶粒细化和析出从而提高力学和耐蚀性能，过量Fe会降低腐蚀电位从而影响耐蚀性能，2%为Fe的最优含量。

③ 确定Mn的最优含量　以8%Al、最优含量5.0%Ni和2.0%Fe、五个不同水平Mn含量的配方进行熔炼并对五组实验组进行性能测试，结果表明Mn的加入减缓了"缓冷脆性"，并起固溶强化的作用，提高强度的同时塑性降低不多，含Mn量为14%时，强度和塑性的综合性能最好，14%为Mn的最佳含量。

最终得到元素配比最优组合为5.0%Ni、2.0%Fe、14%Mn、8%Al、71%Cu，熔炼所得的合金综合性能最佳。

例5-2　钛合金薄板激光毛化处理工艺

为提高钛合金薄板与复合材料之间的粘接性能，需要对钛合金薄板进行激光毛化处理。若要达到最优性能，应找到合适的激光加工工艺参数。试对激光电流、脉冲宽度、离焦量三因素各水平进行优选。

解：

使用因素轮换法寻找最优搭配，实验依据实际需要确定参数范围：

激光电流大小：60～70A

脉冲宽度：1.0～3.0ms

离焦量：0～2.0mm

首先将脉冲宽度设定为2.0ms，离焦量设定为1.0mm，对激光电流大小最佳水平探究，本实验三因素采用均分法确定各实验组参数水平，通过实验得知60A、65A、70A三水平中，70A为此电流区间最佳值。

接着将激光电流大小设定为70A，离焦量设定为1.0mm，脉冲宽度这一因素分五个水平，实验结果显示1.0ms为最佳值。

最后将激光电流大小、脉冲宽度定位之前确认的最佳值70A、1.0ms，均分法优选出离焦量的最佳水平数值为1.5mm。

故最终实验的最优组合是激光电流70A，脉冲宽度1.0ms，离焦量1.5mm。

5.3 随机实验法

随机实验就是按照随机化的原则选择实验点或者实验因素水平。随机化是实验设计的一个基本原则，它有以下几个方面的含义：

① 实验单元随机化。这是随机化的基本含义，在比较实验中，对每个处理要求按随机化原则选取实验单元。当实验中包含区组因素时，每一个区组内的实验单元按照随机化的原则分配（即随机化区组设计）。

② 实验顺序随机化。这是随机化的延伸含义，目的是消除非实验因素（操作人员、设备、时间等）对实验的影响。

③ 实验点随机选取。用于一些特殊情况，例如用气象气球收集气象数据，气球的位置不能完全人为确定，实验点是随机的。很多野外探测也都属于随机选取实验点。这种随机选取实验点的实验效率很低，在条件允许时应该采用均匀采点。

④ 实验因素水平随机选取，也称为随机布点。因素轮换法是一种选择因素水平的实验方法，正交设计、均匀设计、析因设计等都是合理选择实验因素水平的方法，但是在一些特殊情况下这些人为精心设计的实验条件难以实现，就可以采用随机实验法。一种情况是实验水平只能观测，而不能严格控制，如机械加工中刀具的耐用性。另一种情况是实验水平间有约束关系，如有约束的配方设计。

随机实验有以下特点：

① 不要求实验指标是量化的，对目标函数也没有限制。

② 可以作为整体设计，预先制定好全部实验计划，在设备条件允许时可以同时做实验，节约实验时间；也可以事先不规定实验总次数，边做边看，直到得到满意的实验结果。

③ 因素水平数可以不同。

如果在全部可能的实验中好实验点的比例为 p，希望通过随机实验找到一个好实验点，那么在连续的 n 次实验中至少遇到一个好点的概率为 $P = 1 - (1-p)^n$。

当好实验点的比例 p 较小时，随机实验法的使用效率很差。例如在好实验点的比例为 $p = 0.01 = 1\%$ 时，做 50 次实验遇到一个好点的概率仅为 40%。当好实验点的比例 p 较大时随机实验法的使用效率较高。例如在实验的好点比例为 $p = 0.1 = 10\%$ 时，做 30 次随机实验至少遇到一个好点的概率是 95.8%。如果实验的好点比例为 $p = 10\%$ 时，平均来说做 10 次实验就能遇到一个好点。自然希望仅做 10 次实验就能遇到一个好点，这就需要实验能够均匀地分布在实验范围内。由此可见，按照均匀安排的实验比单纯的随机化实验效率更高。随机化是实验设计的一个原则，对这个原则不能机械地照搬。随机化的原则是为了保证所做的部分实验具有代表性，均匀性是把随机化和区组原则相结合，能够更好地保证实验点的代表性。从拉丁方的思想发展出来的析因设计、正变设计、均匀设计等实验设计方法，都是建立在均匀性这个基础之上的。

随机化实验的优点是适用范围广，缺点是使用效率低，主要用于实验的条件很复杂、难以使用其他实验设计方法的情况。如果实验指标和因素水平都是量化的，可以对实验结果建立回归模型，利用回归模型推断最优实验条件，这样就可以很大的提高实验效率。

例 5-3 刀具的耐用性

机械加工中刀具的耐用性主要由刀具承受的车削力决定，同种材质和车削速度，车削力 y 主要受车削深度 X_1、进给量 X_2 的影响，有如下关系：

$$y = B_0 X_1^a X_2^b \tag{5-1}$$

式中，B_0、a、b 是未知参数，试确定这三个参数的值。

解：这个实验中，车削力 y 和 2 个影响因素的实际数值都可以通过仪器在线测定，但是进给量 X_2 的实际数值难以完全人为控制，因此采用随机实验法。车削深度 X_1、进给量 X_2 和车削力 y 实验数据如表 5-1 所示。

表 5-1 车削力 y 数据

X_1	X_2	y	$\ln X_1$	$\ln X_2$	X_3	$\ln y$
3.00	0.30	1695	1.0986	−1.204	0	7.4354
2.00	0.20	1167	0.6931	−1.609	0	7.0622
2.00	0.34	1342	0.6931	−1.079	0	7.2019
2.00	0.57	2209	0.6931	−0.562	0	7.7003
0.50	0.26	349	−0.693	−1.347	0	5.8551
1.25	0.07	236	0.2231	−2.659	0	5.4638
1.25	0.11	375	0.2231	−2.207	0	5.9269
1.25	0.15	497	0.2231	−1.897	0	6.2086
1.25	0.22	637	0.2231	−1.514	0	6.4568
1.25	0.30	712	0.2231	−1.204	0	6.5681
1.25	0.39	1083	0.2231	−0.942	0	6.9875
1.25	0.43	1143	0.2231	−0.844	0	7.0414
2.00	0.30	1566	0.6931	−1.204	1	7.3563
1.50	0.30	1265	0.4055	−1.204	1	7.1428
2.00	0.15	906	0.6931	−1.897	1	6.809
2.00	0.20	1436	0.6931	−1.609	1	7.2696
2.00	0.34	1685	0.6931	−1.079	1	7.4295
2.00	0.47	2000	0.6931	−0.755	1	7.6009
2.00	0.57	2277	0.6931	−0.562	1	7.7306
2.25	0.26	1491	0.8109	−1.347	1	7.3072
0.50	0.26	417	−0.693	−1.347	1	6.0331
1.25	0.07	379	0.2231	−2.659	1	5.9375
1.25	0.11	502	0.2231	−2.207	1	6.2186
1.25	0.22	767	0.2231	−1.514	1	6.6425
1.25	0.30	978	0.2231	−1.204	1	6.8855
1.25	0.34	929	0.2231	−1.079	1	6.8341

对式（5-1）两边取对数做线性化，得到线性回归方程

$$\ln y = \ln B_0 + a \ln X_1 + b \ln X_2 \tag{5-2}$$

车削的钢材分为调质前（热轧态）和调质后两种，调质后钢材的硬度增加，车削力变大，为此引入属性变量 X_3 表示调质状态，$X_3 = 0$ 表示调质前，$X_3 = 1$ 表示调质后。这时回归方程为：

$$\ln y = \ln B_0 + a \ln X_1 + b \ln X_2 + c \ln X_3 \tag{5-3}$$

用 Excel 软件做回归分析，回归分析的输出结果如图 5-2 所示。回归方程为：

$$y = 1636.8X_1^{0.897} X_2^{0.734} e^{0.2018X_3} \tag{5-4}$$

$X_3 = 0$ 表示未调质，$y = 1636.8X_1^{0.897} X_2^{0.734}$。$X_3 = 1$ 表示未调质，$y = 2002.8X_1^{0.897} X_2^{0.734}$。

1	SUMMARY OUTPUT				
2					
3	回归统计				
4	Multiple R	0.98742			
5	R Square	0.974998			
6	djusted R Squa	0.971588			
7	标准误差	0.10665			
8	观测值	26			
9					
10	方差分析				
11		df	SS	MS	F	Significance F
12	回归分析	3	9.758012	3.252671	285.97089	9.12646E-18
13	残差	22	0.250231	0.011374		
14	总计	25	10.00824			
15						
16		Coefficient	标准误差	t Stat	P-value	
17	Intercept	7.400519	0.068941	107.3464	2.025E-31	
18	X Variable 1	0.897032	0.053649	16.72034	5.423E-14	
19	X Variable 2	0.733998	0.0388	18.91753	4.249E-15	
20	X Variable 3	0.201823	0.042149	4.788299	8.807E-05	
21						

图 5-2　车削力 y 回归结果

查附录 3 相关系数临界值表，当 $n - 2 = 26 - 2 = 24$ 时，显著性水平为 0.05 或者 0.01 时相关系数临界值为 0.388 或 0.496，而本例回归的相关系数 $R = 0.987$，大于相关系数临界值，因此回归效果很好。另外 P 值（Significance F 对应的是在显著性水平下的 F_α 临界值，其实等于 P 值）为 9.12×10^{-18}，同样说明回归效果很好。

属性变量 X_3 的回归系数为 0.2018，显著性 $P = 8.807 \times 10^{-5}$，说明高度显著，即调质前、后对车削力影响非常显著。同样从车削深度 X_1、进给量 X_2 的 P 值可以判断两者对车削力影响非常显著。

用式（5-4）统一表示调质前、后回归模型，有利于统一分析各因素的影响。这个问题也可以对调质前、后分别建立回归模型，读者可以自己练习。

本例中确定模型回归效果时用到了相关系数临界值法，查表之前需要知道实验点的个数 n。当 n 只有 10 以内的时候直接数数即可，如果是一个比较大的数字（譬如 30 以上）或者数据保存在文本文件中，为了快速确定 n，可以将数据复制到 Excel 中（文本文件可导入或者打开文本文件复制到 Excel 中），然后选中该列数据，Excel 会提示该组数据的计数，这就是 n 值。一些小的技巧能够提高工作效率，希望大家能够有意识地掌握一些小技巧。

5.4　全面实验法

全面实验法又称析因实验法或者因子设计，是一种将两个或多个因素的各水平交叉分组，进行实验的设计。它不仅可以检验各因素内部不同水平间有无差异，还可检验两个或多个因素间是否存在交互作用（interaction）。若因素间存在交互作用，表示各因素不是独立的，一个因素的水平发生变化，会影响其他因素的实验效应；反之，若因素间不存在交互作用，表示各因素是独立的，任一因素的水平发生变化，不会影响其他因素的实验效应。

严格地说，全面实验法与析因实验法仍有所区别。全面实验法注重实验水平的完全搭配，如双因素无重复实验法虽然完全搭配，但是不能分析交互作用。析因实验法则注重实验结果的因子分析，尤其是因子的交互作用，并据此可在实验安排上作一些调整，如混杂的应用等。

如果实验共有 k 个因素，每个因素都只有 m 个水平，则全面实验需要做 m^k 次实验。当因素和水平数较少时，尚可安排实验寻找最好的搭配方案，但是当因素和水平数增加时，做起来就费时费工了，有时甚至不可能实现。通常有些交互作用可以忽略，仅须考虑部分交互作用，这时可用正交实验法进行安排和分析结果将更加节约工时。但是全面实验法在实验设计中的地位是不容忽视的，它比简单的对比实验更节约工时，同时它是最早期的实验方法，所有方法都是在此基础上改进发展出来的，而且如今还常用的双因素重复实验方差分析就是该方法的特例。由于因素各水平重复数取相等时有利于数据分析和取得有效的统计检验结果，因此重复是多因素重复实验的一个原则。下面不作特殊说明时均指重复实验。

多因素完全随机等重复实验的方差分析主要包括两因素等重复实验的方差分析、两因素无重复实验的方差分析和三因素完全随机等重复实验的方差分析。在此仅介绍基于 Excel 的两因素等重复实验和两因素无重复实验的方差分析。

例 5-4　两因素等重复实验的方差分析

对紫铜进行不同的热处理，对于各热处理温度与保温时间均取 2 组试样，每组 4 个试样，求出相应平均值，各组硬度平均值如表 5-2 所示。试对实验结果进行双因素方差分析。

表 5-2　热处理温度和时间对紫铜硬度值的影响　　　　　　　　单位：MPa

时间	100℃	200℃	300℃	400℃	500℃
1h	76.4	70.2	57.8	44.3	48.1
	74.1	67.3	54.9	46.9	53.1
2h	60.1	62.8	59.4	57.5	108.6
	67.2	60.3	57.9	58.1	110.7
4h	90.8	121.5	100.3	103.7	150.2
	88.6	123.8	110.4	115.5	169.7
8h	100.5	139.3	95.2	92.1	120.7
	128.9	130.2	109.2	99.4	123.5

解： 启动 Excel，将表 5-2 的数据输入工作簿中，单击"工具/数据分析"，在弹出的数据分析对话框中选择"方差分析：可重复双因素分析"工具，按图 5-3 所示设置，单击"确定"，得到分析结果，如表 5-3 所示。

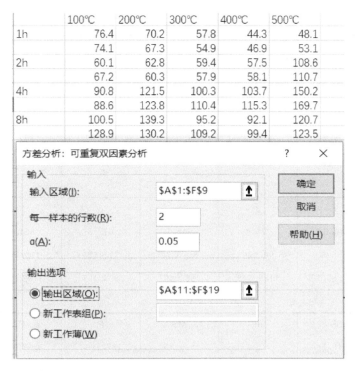

	100℃	200℃	300℃	400℃	500℃
1h	76.4	70.2	57.8	44.3	48.1
	74.1	67.3	54.9	46.9	53.1
2h	60.1	62.8	59.4	57.5	108.6
	67.2	60.3	57.9	58.1	110.7
4h	90.8	121.5	100.3	103.7	150.2
	88.6	123.8	110.4	115.3	169.7
8h	100.5	139.3	95.2	92.1	120.7
	128.9	130.2	109.2	99.4	123.5

图 5-3　Excel "方差分析：可重复双因素分析" 的界面

表 5-3　方差分析：可重复双因素分析结果　($α＝0.05$)

项目	100℃	200℃	300℃	400℃	500℃	总计
1h						
观测数	2	2	2	2	2	10
求和	150.5	137.5	112.7	91.2	101.2	593.1
平均	75.25	68.75	56.35	45.6	50.6	59.31
方差	2.645	4.205	4.205	3.38	12.5	139.8343
2h						
观测数	2	2	2	2	2	10
求和	127.3	123.1	117.3	115.6	219.3	702.6
平均	63.65	61.55	58.65	57.8	109.65	70.26
方差	25.205	3.125	1.125	0.18	2.205	439.3538
4h						
观测数	2	2	2	2	2	10
求和	179.4	245.3	210.7	219	319.9	1174.3
平均	89.7	122.65	105.35	109.5	159.95	117.43
方差	2.42	2.645	51.005	67.28	190.125	659.9334

续表

项目	100℃	200℃	300℃	400℃	500℃	总计
8h						
观测数	2	2	2	2	2	10
求和	229.4	269.5	204.4	191.5	244.2	1139
平均	114.7	134.75	102.2	95.75	122.1	113.9
方差	403.28	41.405	98	26.645	3.92	279.0089
总计						
观测数	8	8	8	8	8	
求和	686.6	775.4	645.1	617.3	884.6	
平均	85.825	96.925	80.6375	77.1625	110.575	
方差	476.8907	1189.548	636.0427	803.157	1792.271	

方差分析

差异源	SS	df	MS	F	P	F crit
样本	26549.56	3	8849.854	187.1994	8.42E-15	3.098391
列	5927.373	4	1481.843	31.34517	2.34E-08	2.866081
交互	6790.302	12	565.8585	11.96951	1.24E-06	2.277581
内部	945.5	20	47.275			
总计	40212.74	39				

结果表明，当 $\alpha = 0.05$ 时，F crit $= 2.277581$，交互 $F = 11.96951$，说明交互作用的影响十分显著。行和列的 F 均大于 F crit，说明热处理温度和保温时间均对紫铜硬度值有显著影响。

例5-5 特征尺寸和模具润滑条件对微挤压件裂纹密度的影响（两因素无重复实验的方差分析）

微挤压成形技术是一种微尺度零件加工的技术，可节约能源、节省加工材料并提高生产率。某微型零器件进行微挤压时，特征尺寸和模具润滑条件会对零器件的裂纹密度产生影响，不同特征尺寸零件挤压的数据如表5-4所示，试分析两个因素对零件裂纹数量的影响。

表5-4 特征尺寸和润滑条件对零件裂纹密度的影响

单位：%（面积百分比）

润滑条件	特征尺寸/mm			
	0.3	0.5	1.0	2.0
干摩擦	3.4	3.9	4.5	4.7
机油	1.9	2.3	2.7	3.1
MoS_2	0.7	1.3	1.9	2.3

解：该实验属于双因素无重复实验。

启动 Excel，将表 5-4 的数据粘贴在 Excel 工作簿中，单击 "工具/数据分析" 命令，在弹出的数据分析对话框中选择 "方差分析：可重复双因素分析" 工具，按图 5-4 所示设置，点 "确定"，得到分析结果，如表 5-5 所示。

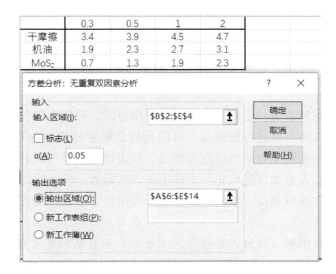

图 5-4　Excel "方差分析：无重复双因素分析" 的界面

表 5-5　方差分析：无重复双因素分析

项目	观测数	求和	平均	方差
干摩擦	4	16.5	4.125	0.349167
机油	4	10	2.5	0.266667
MoS$_2$	4	6.2	1.55	0.49
0.3	3	6	2	1.83
0.5	3	7.5	2.5	1.72
1.0	3	9.1	3.033333	1.773333
2.0	3	10.1	3.366667	1.493333

方差分析

差异源	SS	df	MS	F	P	F crit
润滑条件	13.565	2	6.7825	595.5366	1.26E-07	5.143253
特征长度	3.249167	3	1.083056	95.09756	1.9E-05	4.757063
误差	0.068333	6	0.011389			
总计	16.8825	11				

结果表明，当 $\alpha = 0.05$ 时，P 均小于 0.05，说明润滑条件和特征长度对零件裂纹密度的影响显著。

5.5 拉丁方实验法

拉丁方（Latin square）是指用 r 个拉丁字母排成 r 行 r 列的方阵，使每行、每列中的每个字母都只出现一次，此方阵叫 r 阶拉丁方或 $r \times r$ 拉丁方。拉丁方设计（Latin square design）是利用拉丁方来安排并观察分析三个处理因素实验效应的设计方法。

拉丁方设计的基本要求是：①必须是三个因素的实验，而且三个因素的水平数相等；②三个因素相互独立，无交互作用；③三个因素实验效应的测量指标服从正态分布且方差齐性。

拉丁方设计的基本特点是：①拉丁方设计分别用行间、列间和字母间表示三个因素及其不同水平。②拉丁方方阵可以进行随机化，目的是打乱原字母排列的有序性。具体方法是，将整行的字母上下移动或将整列的字母左右移动。经多次移动即可以打乱字母的顺序并达到字母排列的随机化。③无论如何随机化，方阵中每行、每列、每个字母仍只出现一次。④拉丁方设计均衡性强，实验效率高，节省样本含量，可用拉丁方设计的方差分析处理数据，但计算较为烦琐。

例如，要考察四种因素（每种因素各取三个水平）对分析结果有什么影响（效应），目的为求出因素-水平如何搭配能得最优的分析结果。如果对各因素、各水平的所有搭配进行全面实验，就要做 n 次实验，$n = l^f = 3^4 = 81$（l 为水平数；f 为因素数）。如果按下述拉丁方表安排实验：表中 A、B、C、D 表示四种因素，1、2、3 表示它们的不同水平，就把各因素各水平均衡地分散搭配起来，在每两个因素的各个水平之间，都相互搭配到了，没有遗漏，按表所示做 9 次实验，就能很好地代表 81 次实验。这样做，代表性强，容易发现好条件，称为均衡分散性。由于各因素的水平变化很有规律，在研究某一因素水平变化对实验结果的影响时，其他因素各水平出现的情况是完全相同的，这就保证了最大限度地排除了其他因素的干扰，突出了欲研究因素的效应。通过比较因素在各水平时的效应平均值就可以确定因素主效应的大小，称为整齐可比性。这种均衡分散、整齐可比的性质叫正交性，它使实验能提供比较丰富的信息，还能给出实验误差的估计。

习 题 5

5.1 为研究原材料和处理温度对某材料的耐腐蚀性能影响，设计了一个二因素实验，结果如表 1 所示，请进行方差分析。

表 1 三种原材料和处理温度对腐蚀失重的影响　　　　　　　　单位：mg

原料	处理温度/℃											
	30				45				60			
A1	42	49	24	25	11	13	25	24	6	22	26	18
A2	47	60	50	41	43	38	33	36	8	22	18	14
A3	43	36	53	49	54	39	48	45	30	32	27	20

5.2 为研究原材料和处理温度对某材料的磨损性能影响，设计了一个二因素实验，结果如表 2 所示，请进行方差分析。

表 2   五种原材料和四种处理温度对磨损量的影响   单位：mg

项目	A1	A2	A3	A4	A5
B1	59	58	55	50	44
B2	67	64	61	55	48
B3	69	67	64	55	51
B4	73	71	69	65	58

5.3 比较因素轮换法、随机实验法、全面实验法和拉丁方实验法的优缺点。

5.4 如何将蛋糕的可口程度转变为定量的数值？

第**6**章

正交实验设计

 本章教学重点

知识要点	具体要求
正交实验设计	掌握正交实验设计定义、应用场合
正交表	掌握正交表记号含义、正交表的性质、正交表的选择
正交实验设计直接分析法	掌握正交实验设计的基本步骤，掌握单指标正交实验设计的直观分析步骤与计算
正交实验设计结果的方差分析	掌握正交实验设计结果选用方差分析的原因、基本思想，能够基于 Excel 进行正交实验设计方差分析
有交互作用或者水平不等的正交设计	掌握有交互作用的正交设计选择正交表、直接分析的方法；掌握混合水平正交表安排实验，或对普通的正交表作修正两种方法进行水平不等的正交设计方法
多指标的正交实验设计	掌握综合平衡法和综合评分法的基本思路与方法
回归正交实验设计	掌握回归正交实验设计应用场合、具体步骤、存在的问题

对于单因素或两因素实验而言，由于因素少，实验的设计、实施与分析都比较简单。但实际工作中常常需要同时考察 3 个或 3 个以上的实验因素。若进行全面实验，则实验的规模将很大，往往因实验条件的限制而难于实施。而正交实验设计就是安排多因素实验、寻求最优水平组合的一种高效率实验设计方法。正交实验设计（orthogonal experimental design）是利用正交表来安排与分析多因素实验的一种设计方法，是在实验因素的全部水平组合中，挑选部分有代表性的水平组合进行实验，通过对这部分实验结果的分析了解全面实验的情况，找出最优水平组合。

正交实验设计可以大大减少工作量，例如做一个 3 因素 3 水平的实验，按全面实验要求，须进行 $3^3 = 27$ 种组合的实验，且尚未考虑每一组合的重复数。若按 $L_9(3^3)$ 正交表安排实验，只需做 9 次，按 $L_{18}(3^7)$ 正交表进行 18 次实验，显然大大减少了工作量。正交实验设计在诸多领域的研究中已经得到广泛应用。

6.1 正交表及其基本性质

正交实验设计的基本工具是正交表。正交表是运用组合数学理论在正交拉丁名的基础上构造的一种规格化的表格。

正交表有两种，一种是水平数相同的正交表，记号为 $L_n(q^m)$，其中 L 表示正交表，n 表示实验总次数，q 表示因素的水平数，m 是表的列数，即最大能容纳的因素个数。另一种是水平数不相同的混合型正交表，记号为 $L_n(q_1^{m_1} \times q_2^{m_2})$，$q_1$、$q_2$ 表示因素的水平数，m_1、m_2 表示容纳 q_1、q_2 的因素个数，该表最多容纳 $m_1 + m_2$ 个因素。

表 6-1 是一张正交表，记号为 $L_8(2^7)$，L 右下角的数字"8"表示有 8 行，用这张正交表安排实验包含 8 个处理（水平组合）；括号内的底数"2"表示因素的水平数，括号内 2 的指数 7 表示有 7 列，用这张正交表最多可以安排 7 个 2 水平因素。

从表 6-1 可以看出，正交表具有以下性质：

① 每一列中，不同的数字出现的次数相等。例如在 2 水平正交表中，任何一列都有数码"1"与"2"，且任何一列中它们出现的次数是相等的；而在 3 水平正交表中，任何一列都有"1""2""3"，且在任一列的出现次数均相等。

② 任意两列中数字的排列方式齐全而且均衡。例如在两水平正交表中，任何两列（同一横行内）有序对子共有 4 种：(1，1)、(1，2)、(2，1)、(2，2)。每种对子出现次数相等。而在三水平情况下，任何两列（同一横行内）有序对共有 9 种，(1，1)、(1，2)、(1，3)、(2，1)、(2，2)、(2，3)、(3，1)、(3，2)、(3，3)，且每对出现次数也相等。

以上两点充分地体现了正交表的两大优越性，即"均匀分散性，整齐可比"。通俗地说，每个因素的每个水平与另一个因素各水平各碰一次，这就是正交性。所谓均衡分散，是指用正交表挑选出来的各因素水平组合在全部水平组合中的分布是均匀的。"整齐可比"是指每一个因素的各水平间具有可比性。因为正交表中每一因素的任一水平下都均衡地包含着另外因素的各个水平，当比较某因素不同水平时，其他因素的效应都彼此抵消。如在 A、B、C 3 个因素中，A 因素的 3 个水平 A1、A2、A3 条件下各有 B、C 的 3 个不同水平。

表 6-1　正交表 $L_8(2^7)$

实验号	列号						
	1	2	3	4	5	6	7
1	1	1	1	1	1	1	1
2	1	1	1	2	2	2	2
3	1	2	2	1	1	2	2

续表

实验号	列号						
	1	2	3	4	5	6	7
4	1	2	2	2	2	1	1
5	2	1	2	1	2	1	2
6	2	1	2	2	1	2	1
7	2	2	1	1	2	2	1
8	2	2	1	2	1	1	2

正交表的获得需要专门的算法，对应用者来说，不必深究。常用的正交表已由数学工作者制定出来，供进行正交设计时选用。2 水平正交表除 $L_8(2^7)$ 外，还有 $L_4(2^3)$、$L_{16}(2^{15})$ 等；3 水平正交表有 $L_9(3^4)$、$L_{27}(3^{13})$ 等。在本书附录中有些常用的正交表供大家使用。

6.2 正交实验设计的基本步骤

正交实验设计的基本步骤如下。

(1) 明确实验目的，确定评价指标

实验设计前必须明确实验目的，即本次实验要解决什么问题。实验目的确定后，对实验结果如何衡量，即需要确定出实验指标。实验指标可为定量指标，如强度、硬度、产量、出品率、成本等；也可为定性指标，如颜色、口感、光泽等。一般为了便于实验结果的分析，定性指标可按相关的标准打分或模糊数学处理进行数量化，将定性指标定量化。

(2) 挑选因素，确定水平

根据专业知识、以往的研究结论和经验，从影响实验指标的诸多因素中，通过因果分析筛选出需要考察的实验因素。一般确定实验因素时，应以对实验指标影响大的因素、尚未考察过的因素、尚未完全掌握其规律的因素为先。实验因素选定后，根据所掌握的信息资料和相关知识，确定每个因素的水平，一般以 2～4 个水平为宜。对主要考察的实验因素，可以多取水平，但不宜过多（≤6），否则实验次数骤增。因素的水平间距，应根据专业知识、设备条件和已有的资料，尽可能把水平值取在理想区域。

(3) 选正交表，进行表头设计

正交表的选择是正交实验设计的首要问题。确定了因素及其水平后，根据因素、水平及需要考察的交互作用的多少来选择合适的正交表。正交表的选择原则是在能够安排下实验因素和交互作用的前提下，尽可能选用较小的正交表以减少实验次数。

一般情况下，实验因素的水平数应等于正交表中的水平数；因素个数（包括交互作用）

应不大于正交表的列数；各因素及交互作用的自由度之和要小于所选正交表的总自由度，以便估计实验误差。若各因素及交互作用的自由度之和等于所选正交表总自由度，则可采用有重复正交实验来估计实验误差。

确定因素和水平后即可完成填写表头，表头就是因素与水平表，如例 6-1 中表 6-2。

（4）明确实验方案，进行实验，得到结果

把正交表中安排各因素列（不包含欲考察的交互作用列）中的每个水平数字换成该因素的实际水平值，便形成了正交实验方案。

（5）对实验结果进行统计分析

正交实验设计实验结果分析的方法主要包括直观分析法-极差分析法、方差分析两种。在对结果分析中，需要：分清各因素及其交互作用的主次顺序，分清哪个是主要因素，哪个是次要因素；判断因素对实验指标影响的显著程度；找出实验因素的优水平和实验范围内的最优组合，即实验因素各取什么水平时，实验指标最好；分析因素与实验指标之间的关系，即当因素变化时，实验指标是如何变化的。找出指标随因素变化的规律和趋势，为进一步实验指明方向；了解各因素之间的交互作用情况；估计实验误差的大小。

（6）进行验证实验，作进一步分析

对最优组合进行实验验证，确定是否达到目标。如果没有达到目标，则需要根据因素对指标影响趋势图，进一步确定各因素的水平值，重新进行正交实验设计。

注意，这一步很多时候会被遗忘，需要重视验证实验。

6.3 正交实验设计结果的直观分析

直观分析方法是正交实验设计结果分析的最基本方法，是指通过计算将各因素、水平对实验结果指标影响的大小，用图形表示出来，通过极差分析，综合比较，确定最优实验方案。

单指标正交实验设计是使用最多的正交实验设计，其直观分析的基本步骤为：

① 直接对比正交表中的实验指标，从中选出最好的因素水平组合。

② 计算实验结果，包括每个因素、每个水平下的实验结果平均值 k_i，每个因素的极差 R_i（该因素最大实验结果与最小实验结果的差值）。

③ 绘制因素水平与实验结果平均值 k_i 的关系趋势图，分析因素与指标的变化规律。

④ 对比极差 R，确定因素影响的顺序和主次关系。

⑤ 比较 k_i 值，挑选最优的因素水平组合，即最优方案。

⑥ 若直观比较与计算分析得到的因素水平组合不一致，应追加验证实验。

如果希望实验结果值越大越好，称为望大。如果希望指标值与目标值越接近越好则为望

目。如果希望指标值越小越好则为望小。

下面通过例子说明正交实验设计结果的直观分析方法。

例 6-1　Mg 合金挤压成型过程数值模拟研究

Mg 合金密度小，比强度、比刚度高，阻尼减震性、切削加工性、导热性好，电磁屏蔽能力强，铸造性能和尺寸稳定性好。Mg-Gd-Y 系合金具有很好的耐热性能。比如：高温拉伸性能、蠕变抗力和腐蚀抗力。拟采用 Mg-Gd-Y 系合金进行挤压成型。为了优化挤压工艺，在实际挤压之前采用有限元方法进行 Mg 合金挤压成型过程模拟，分析各参数的影响，确定最佳工艺。

解：本例中的实验指标是型材挤出后直线长度，并希望该值越大越好，即望大。

根据专业知识分析，影响因素包括挤压比、坯料预热温度、挤压速度、工作带长度。每个因素分别取 3 个水平做实验，因素与水平表如表 6-2 所示。

表 6-2　Mg 合金挤压成型因素与水平表

水平	因素			
	A 挤压速度/(mm/s)	B 预热温度/℃	C 挤压比	D 工作带长度/mm
1	10	300	8	1
2	20	350	16	2
3	30	400	32	3

本例为 4 因素 3 水平的实验，因此选用 4 因素三水平的 $L_9(3^4)$ 正交表安排实验，如表 6-3所示。注意，由于表 6-2 中已经标出各因素的代号，因此表 6-3 和后续分析中可以用代号代替因素。

表 6-3　Mg 合金挤压成型实验方案与结果

实验号	A	B	C	D	挤出后直线长度/mm
1	10	300	8	1	100
2	10	350	16	2	110
3	10	400	32	3	120
4	20	300	16	3	118
5	20	350	32	1	125
6	20	400	8	2	109
7	30	300	32	2	129
8	30	350	8	3	130
9	30	400	16	1	115

续表

实验号	A	B	C	D	挤出后直线长度/mm
k_1	110	115.7	113	113.3	
k_2	117.3	121.7	114.3	116	
k_3	124.7	114.7	124.7	122.7	
极差 R	14.7	7	11.7	9.4	

模拟结果如表 6-3 所示，直观分析如下。

① 直接看好的条件。从表 6-3 的结果来看，第 8 号实验方案 $A_3B_2C_1$ 的直线长度最长，但第 7 号实验方案为 129mm，非常接近。因此第 8 号实验方案不一定就是最优方案，需要进一步分析寻找可能的更好方案。

② 算一算的好条件。将各因素同一水平的结果求平均，得到表 6-3 中 k_1、k_2 和 k_3。将同一因素的 k_1、k_2 和 k_3 三个数据中最大的减去最小的，得到该因素的极差。

如：挤压速度 1 水平的三个结果为 100、110、120，则 $k_1=$（100＋110＋120）/3＝110，A 因素 k_3 最大，k_1 最小，则 $R=k_3-k_1=124.7-110=14.7$。

③ 分析极差，确定各因素的重要程度。极差大的说明影响程度大。根据上面求出的极差，可以看出各因素的重要程度顺序为：挤压速度＞挤压比＞工作带长度＞预热温度。

④ 绘制趋势图，优化工艺。如图 6-1 所示，可见挤压速度、挤压比、工作带长度越高越好，预热温度取中间值。即 $A_3B_2C_3D_3$ 工艺为理论上的最佳工艺组合。

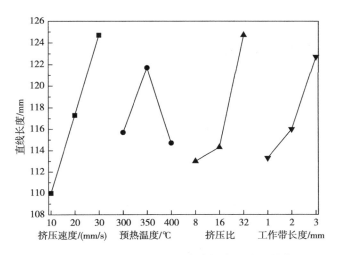

图 6-1　各因素对型材挤出直线长度影响的趋势

⑤ 验证实验。由于 $A_3B_2C_3D_3$ 工艺并不在已做的实验方案内，因此需要通过实验验证，并与表中指标最高的 8 号实验方案对比，最终选定合理的工艺参数组合。此外也可从成本等角度进一步优化实验。

注意，用 Excel 处理时，条件平均的函数为 averageif（条件区域，条件值，平均区域）。譬如，当求挤压速度为 10mm/s 对应的平均值时操作方法如下：

① 将表 6-3 中处理 1～9 的所有因数和指标的数据输入 Excel 表中，所占的区域为
"A1：E9"，即 A～E 列的 1～9 行；

② 在工作簿单元格 A10 输入"＝averageif（A1：A9，10，E1：E9）"，其中"A1：
A9"表示条件区域是 A 列 1～9 行，"10"表示条件值为 10，"E1：E9"表示平均区域是 E
列 1～9 行。回车，得到挤压速度为 10 mm/s 对应的平均值 110。

求极差时使用 max 和 min 两个函数。如求出的 k_1～k_3 值处于单元格 A13～D15，则求
挤压速度的极差公式为"＝max（A13：A15）－min（A13：A15）"。然后用手柄拖动的
方式水平拖动，获得其他三个因素的极差值。

6.4 正交实验设计结果的方差分析

正交实验设计极差分析法简单明了，通俗易懂，计算工作量少，便于推广普及。但这种
方法不能将实验中由于实验条件改变引起的数据波动与实验误差引起的数据波动区分开来。
也就是说，极差分析法不能区分因素各水平间对应的实验结果的差异究竟是由于因素水平不
同引起的，还是由于实验误差引起的，无法估计实验误差的大小。此外，各因素对实验结果
的影响大小无法给以精确的数量估计，不能提出一个标准来判断所考察因素作用是否显著。
为了弥补极差分析的缺陷，可采用方差分析。

方差分析基本思想是将数据的总变异分解成因素引起的变异和误差引起的变异两部分，
构造 F 统计量，作 F 检验，即可判断因素作用是否显著。

6.4.1 计算离差平方和与方差分析

（1）偏差平方和分解

总偏差平方和＝各列因素偏差平方和＋误差偏差平方和

$$SS_T = SS_{因素} + SS_{空列(误差)}$$

$$SS_T = \sum_{i=1}^{n} x_i^2 - \frac{\left(\sum_{i=1}^{n} x_i\right)^2}{n}$$

$$SS_j = \frac{1}{r}\sum_{i=1}^{m} K_{ij}^2 - \frac{\left(\sum_{i=1}^{n} x_i\right)^2}{n} \quad (j = 1, 2, \cdots, k)$$

实验总次数为 n，每个因素水平数为 m 个，每个水平作 r 次重复 $r = n/m$。

（2）自由度分解

$$df_T = df_{因素} + df_{空列(误差)}$$

总自由度：$df_T = n - 1$。

因素 j 自由度：$\mathrm{df}_j = m - 1$，m 为因素水平个数。

（3）方差

$$\mathrm{MS}_{\text{因素}} \frac{\mathrm{SS}_{\text{因素}}}{\mathrm{df}_{\text{因素}}}, \quad \mathrm{MS}_{\text{误差}} \frac{\mathrm{SS}_{\text{误差}}}{\mathrm{df}_{\text{误差}}}$$

（4）构造 F 统计量

$$F_{\text{因素}} \frac{\mathrm{MS}_{\text{因素}}}{\mathrm{MS}_{\text{误差}}}$$

（5）列方差分析表，作 F 检验

若计算出的 F 值 $F_0 > F_a$，则拒绝原假设，认为该因素或交互作用对实验结果有显著影响；若 $F_0 \leqslant F_a$，则认为该因素或交互作用对实验结果无显著影响。

（6）正交实验方差分析说明

由于进行 F 检验时，要用误差偏差平方和 SS_e 及其自由度 df_e，因此，为进行方差分析，所选正交表应留出一定空列。当无空列时，应进行重复实验，以估计实验误差。

误差自由度一般不应小于 2，df_e 很小，F 检验灵敏度很低，有时即使因素对实验指标有影响，用 F 检验也判断不出来。

为了增大 df_e，提高 F 检验的灵敏度，在进行显著性检验之前，先将各因素和交互作用的方差与误差方差比较，若 $\mathrm{MS}_{\text{因}}$（$\mathrm{MS}_{\text{交}}$）$< 2\mathrm{MS}_e$，可将这些因素或交互作用的偏差平方和、自由度并入误差的偏差平方和、自由度，这样使误差的偏差平方和自由度增大，提高了 F 检验的灵敏度。

正交实验设计的方差分析表如表 6-4 所示。

表 6-4　正交实验设计的方差分析

项目	平方和 SS	自由度 df	均方 MS	F 值
因素 A	SSA	$a - 1$	SSA/$(a-1)$	MSA/MSE
因素 B	SSB	$a - 1$	SSB/$(a-1)$	MSB/MSE
因素 C	SSC	$a - 1$	SSC/$(a-1)$	MSC/MSE
误差（空白列）	SSE	$a - 1$	SSE/$(n-1)$	
总和	SST	$n - 1$		

6.4.2　基于 Excel 的正交实验设计方差分析

正交实验设计方差分析可以采用 SAS、SPSS、Minitab 等专业软件完成计算工作，也可以采用 Excel 软件，借助简单的计算得到方差分析结果。除了条件平均函数 averageif、条件求和函数 sumif 之外，Excel 中还有一些用于方差分析的函数，如偏差平方和的 DEVSQ 函数、F 分布临界值的 FDIST 函数、非空单元格数目的 COUNTA 函数（可以用于求自由度）。

下面以表 6-5 为例介绍基于 Excel 的正交实验设计方差分析的过程。为进行方差分析，所选正交表应留出一定空列。

表 6-5　正交实验设计方差分析

实验号	A	B	C	实验结果 y	
1	1	1	1	51	
2	1	2	2	71	
3	1	3	3	58	
4	2	1	2	82	
5	2	2	3	69	
6	2	3	1	59	
7	3	1	3	77	
8	3	2	1	85	
9	3	3	2	84	
水平 1	60	70	65		
水平 2	70	75	79		
水平 3	82	67	68		误差
SS	728.1	98	326	1238	85.9
df	2	2	2	8	2
MS	364.05	49	163	154.75	42.95
F	8.476135	1.140861	3.795111		
P	0.010566	0.366519	0.069335		

① 将实验号、A～C、实验结果和数据输入区域"A1：E10"。

② 在单元格"B11"输入公式"＝averageif（B$2：B$10，B2，E2：E10）"，计算出 A 因素 1 水平的实验平均值。采用该公式把剩下的各因素、水平平均值求出。

③ 在单元格"B14"输入公式"＝3*DEVSQ（B11：B13）"，计算出平方和 SSA。采用该公式把剩下的各因素、水平平方和求出。在单元格"E14"内输入公式"＝DEVSQ（E2：E10）"，计算出 SST。如需计算误差平方和 SSE，则输入"＝E14－sum（B14：D14）"。

④ 在区域"B15：E15"输入各项目的自由度。在单元格"F15"内输入公式"＝E15－SUM（B15：D15）"，计算出误差项的自由度等于 2。

⑤ 在单元格"B16"内输入公式"＝B14/B15"，计算出 MSA，然后将公式复制到区域

"C16：F16"。

　　⑥ 在单元格 "B17" 内输入公式 "＝B16/$F16"，计算出 F_A，然后将公式复制到区域 "C17：D17"。

　　⑦ 在单元格 B18 内输入公式 "＝FDIST（Bl7，B15，$F15）"，计算出 A 因素的 P 值，然后将公式复制到区域 "C13：D18"。

　　经过以上步骤就完成了方差分析的计算，把含有这个工作表的 Excel 文档保存好，只需要做简单修改就可以用于其他正交设计结果的方差分析。这是一个很不错的小技巧和习惯，正交实验设计直观分析用的 Excel 文档也可以保存用于其他的正交设计结果的直观分析。

　　在本例中，发现 A 因素的 P 值小于 0.05，B、C 因素的 P 值大于 0.05，且 C 因素的 P 值小于 B 因素的 P 值。因此 A 因素是最显著的，C 因素其次，B 因素最不显著。

　　如果计算时发现所有的因素 P 值都大于 0.05，这时还不能急于判定因素都不显著，而是要剔除一个最不显著的因素后重新做方差分析。如果要删除掉因素 B 重新做方差分析，只需要简单地把含有 B 因素的第 C 列删除就可以了。以此类推，一直做到最后。这一步也是容易被忽视的，希望能够引起重视。

6.5 有交互作用或者水平不等的正交设计

6.5.1 有交互作用的正交设计

　　在例 6-1 的正交设计问题中，并没有考虑因素之间的交互作用。本节考虑因素间存在交互作用的正交设计问题。

　　因素 A 与 B 有交互作用，将 A×B 视为新因素，在正交表设计中进行考虑。表头设计时需要注意其放置位置。交互作用应该放在哪一列，可以查二列间交互作用表。

　　例 6-2　精铸件性能工艺优化

　　为提高精铸件性能指标，寻找好的工艺条件，根据经验，主要因素和水平如表 6-6 所示。

表 6-6　精铸件实验因素及水平

水平	因素				
	A	B	C	D	E
1	1.48	2	13	15	NH_4Cl
2	1.22	4	15	40	HCl

　　认为因素 A 与 B 之间存在交互作用 A×B，因素 B 与 C 之间存在交互作用 B×C。现在希望通过实验设计，找出好的因素水平搭配。

　　解：本例中实验指标精铸件性能 y 是望大特性，实验指标数值越大越好。共有 4 个 2 水平因素，考虑到两个交互作用，初步选用 $L_8(2^7)$ 正交表。

安排有交互作用的正交设计不仅要把实验因素安排在正交表的列上，还要由正交表所附带的交互作用表查出交互作用所在的列，把各因素和所考察的交互作用都安排在正交表的列上，称为表头设计。$L_8(2^7)$ 二列间的交互作用表如表 6-7 所示。

表 6-7　$L_8(2^7)$　二列间交互作用表

序号	1	2	3	4	5	6	7
1	(1)	3	2	5	4	7	6
2		(2)	1	6	7	4	5
3			(3)	7	6	5	4
4				(4)	1	2	3
5					(5)	3	2
6						(6)	1

首先安排含有交互作用的两个因素 A 和 B，分别安排在第 1 列和第 2 列上，那么 A×B 作为一个因素，按表中第 1 行和第 2 列互交的数字"3"安排在第 3 列。将因素 C 放在第 4 列，那么 B×C 按表第 2 行与第 4 列互交的数字"6"安排在第 6 列。最后 D、E 因素可以按顺序安排在第 5 列和第 7 列中，这样就完成了表头设计，如表 6-8 所示。

表 6-8　表头设计

因素	A	B	A×B	C	D	B×C	E
列号	1	2	3	4	5	6	7

有了表头设计，就可以进一步安排并实施实验了。需要强调的是，表头设计中的交互作用列只是在分析实验结果时起作用，而在做实验时并不需要用到，即只按该处理中单因素的水平开展实验。

表 6-9 的上半部分是实验的安排与实验结果，下半部分列出了对实验结果直观分析的计算部分结果。

表 6-9　精铸件实验方案与结果

实验号	A	B	A×B	C	D	B×C	E	性能指标
1	1	1	1	1	1	1	1	8
2	1	1	1	2	2	2	2	10
3	1	2	2	1	1	2	2	6
4	1	2	2	2	2	1	1	0
5	2	1	2	1	2	1	2	0
6	2	1	2	2	1	2	1	0

续表

实验号	A	B	A×B	C	D	B×C	E	性能指标
7	2	2	1	1	2	2	1	0
8	2	2	1	2	1	1	2	4
k_1	6	4.5	5.5	3.5	4.5	3	2	
k_2	1	2.5	1.5	3.5	2.5	4	5	
R	5	2	4	0	2	1	3	

直接看的好条件是第 2 号实验方案 $A_1B_1C_2D_2E_2$，性能指标为 10。

从极差来看，各因素影响顺序为：$A > A×B > E > B = D > B×C > C$。

根据影响顺序，先确定因素 A 的水平，从 k 值来看 A_1 为好。由于 $A×B > B$，因此需要先考虑 $A×B$，根据 $A×B$ 确定 B 因素的好水平。$A×B$ 的水平搭配如表 6-10。

表 6-10　A×B 的水平搭配表

因素	A_1	A_2
B_1	$(8+10)/2=9$	$(0+0)/2=0$
B_2	$(6+0)/2=3$	$(0+4)/2=2$

从表 6-10 A×B 的水平搭配表所得 A、B 最佳水平搭配是 A_1B_1，其中 A 因素的最佳水平与单独考虑 A 因素所得最佳水平是一致的。

从 k 值来看 E 选择 E_2，D 选择 D_1 为好。

由于 $B×C > C$，因此需要根据 $B×C$ 确定 C 的水平。注意 B 已确定为 B_1，因此只需要考察 B_1C_1 和 B_1C_2 对应的指标值，如表 6-11 所示。可见，$B×C$ 的水平搭配表所得 B、C 最佳水平搭配是 B_1C_2。

表 6-11　B×C 的水平搭配表

因素	B_1
C_1	$(8+0)/2=4$
C_2	$(10+0)/2=5$

综上所述，因素最佳水平搭配理论值是 $A_1B_1C_2D_1E_2$。这个搭配没有出现在所做的 8 组实验中，需要追加验证实验，并与表中指标最高的 2 号实验方案对比，最终选定合理的工艺参数组合。

如果用 Excel 软件作有交互作用的方差分析，只需要把交互作用也作为因素看待，两个交互作用 A×B 和 B×C 分别看作因素 AB 和 BC，其他的计算与无交互作用方差分析的方式完全相同。

对于有交互作用的 3 水平正交设计方差分析，从交互作用表来看，每个交互作用占正交表的两列。用 SAS 软件作方差分析与 2 水平的情况完全相同，只是用 Excel 计算交互作用离差平方和时要把每个交互作用所占两列上的离差平方和相加。作为这个交互作用的离差平方和。相应地，每个交互作用的自由度是其所占列自由度之和，即 $2+2=4$，也等于构成这个交互作用的各因素自由度的乘积，即 $2 \times 2 = 4$。

6.5.2 水平不等的正交设计

有时限于客观条件，实验中所考察因素的水平数不能完全相等，这时需要采用混合水平正交表安排实验，或者对普通的正交表作修正，灵活使用正交表。

（1）用混合水平正交表安排实验

采用混合水平正交表安排实验时，由于水平不等，因此不能直接用极差 R 比较因素作用的显著性。因为当两个因素对指标有同等影响时，水平多的因素极差理应大一些。因此需要根据水平数对极差 R 折算，并用折算后的 R' 比较。$R' = d \times \sqrt{r} \times R$，其中 r 是因素水平的重复数（该列中某一因素的水平重复出现的次数），d 为折算系数。水平数从 2 增加到 10 时，d 分别为 0.71、0.52、0.45、0.40、0.37、0.35、0.34、0.32 和 0.31。经过上述处理后，可按水平相等的正交实验分析方法对水平不相等的正交实验进行分析。

例 6-3　铝合金与镁合金压力焊工艺优化

Al 合金与 Mg 合金可以通过压力焊进行连接，实验的因素水平见表 6-12，焊接质量指标采用综合评分法，分数越高越好，忽略因素间的交互作用。

表 6-12　Al 合金与 Mg 合金压力焊

水平	因素		
	压力 A/MPa	温度 B/℃	保压时间 C/min
1	8	95	20
2	10	90	30
3	12		
4	14		

解：本例中有 3 个因素，一个因素有 4 个水平，其他两个因素各有 2 个水平，可以采用混合水平正交表 L_8（4×2^4）。因素 A 有 4 个水平，应安排在第 1 列。B、C 各有 2 个水平，可以放在后 4 列中的任何列上，本例将 B、C 依此放在第 2、第 3 列。第 4、第 5 列为空列。实验方案与结果如表 6-13 所示。

表 6-13　Al 合金与 Mg 合金压力焊实验方案与结果

实验号	因素					
	A	B	C	空列	空列	焊接质量
1	1	1	1	1	1	2
2	1	2	2	2	2	6

实验号	因素					
	A	B	C	空列	空列	焊接质量
3	2	1	2	2	2	4
4	2	2	1	1	1	5
5	3	1	1	1	2	6
6	3	2	2	2	1	8
7	4	1	2	2	1	9
8	4	2	1	1	2	10
k_1	4.0	5.2	6.0	5.8	6.0	
k_2	4.5	7.2	6.5	6.8	6.5	
k_3	7.0					
k_4	9.5					
R	5.5	2.0	0.5	1.0	0.5	
R'	5.52	1.8	0.45	0.9	0.45	

因素影响顺序：$A>B>C$。

由于 C 因素是对实验结果影响较小的次要因素，它取不同的水平对实验结果的影响很小，如果从经济的角度考虑可取 20min，所以最优方案也可以为 $A_2B_2C_1$，即压力 10MPa、温度 $90℃$、时间 20min。

（2）用拟水平法安排正交表实验

拟水平法是将混合水平的问题转化成等水平问题来处理的一种方法，下面举例说明。

例 6-4 药品合成优化

某化工厂为提高某种药品的合成率，决定对缩合工序进行优化，因素水平表如表 6-14 所示，忽略因素间的交互作用。

表 6-14 某种药品合成率实验的因素水平表

水平	因素			
	温度 A/℃	甲醇钠量 B/mL	醛状态 C	缩合剂量 D/mL
1	35	3	固	0.9
2	25	5	液	1.2
3	45	4		1.5

解：这是一个 4 因素的实验，其中 3 个因素是 3 水平，1 个因素是 2 水平，可以套用混合水平正交表 $L_{18}(2×3^7)$，需要做 18 次实验。假如 C 因素也有 3 个水平，则本例就变成了

4 因素 3 水平的问题，如果忽略因素间的交互作用，就可以选用等水平正交表 $L_9(3^4)$，只需要做 9 次实验。但是实际上因素 C 只能取 2 个水平，不能够不切实际地安排出第 3 个水平。这时可以根据实际经验，将 C 因素较好的一个水平重复一次，使 C 因素变成 3 水平的因素。在本例中，如果 C 因素的第 2 水平比第 1 水平好，就可将第 2 水平重复一次作为第 3 水平（如表 6-15），由于这个第 3 水平是虚拟的，故称为拟水平。

表 6-15　某种药品合成率实验的因素拟水平表

水平	因素			
	A/℃	B/mL	C	D/mL
1	35	3	固	0.9
2	25	5	液	1.2
3	45	4	液	1.5

选用等水平正交表 $L_9(3^4)$ 安排实验，方案与结果如表 6-16 所示。

表 6-16　某种药品合成率实验方案与结果

实验号	A/℃	B/mL	C	D/mL	合成率－70/%
1	35	3	固	0.9	−0.8
2	35	5	液	1.2	1.8
3	35	4	液	1.5	8.0
4	25	3	液	1.5	4.1
5	25	5	液	0.9	7.6
6	25	4	固	1.2	−3.5
7	45	3	液	1.2	−0.8
8	45	5	固	1.5	−0.3
9	45	4	液	0.9	8.8
k_1	3	0.8	−1.5	5.2	
k_2	2.7	3	4.9	−0.8	
k_3	2.6	4.4		3.9	
R	0.4	3.6	6.4	6	

注意由于 C 只有两个实际水平，因此只需计算 k_1 和 k_2。k_1 为出现醛状态三次固态的合成率平均值，而 k_2 为出现醛状态六次液态的合成率平均值。

因素影响顺序：C＞D＞B＞A。

在确定优方案时，由于合成率是越高越好，因素 A、B、D 的优水平可以根据 K_1、K_2、K_3 或 k_1、k_2、k_3 的大小顺序取较大的 K_i 或 k_i 所对应的水平，但是对于因素 C，就不能根据 K_1、K_2、K_3 大小来选择优水平，而是应根据 k_1、k_2、k_3 的大小来选择优水平。所以本

例的优化方案为 $C_2 D_1 B_3 A_3$，即为液态、缩合剂量 $0.9mL$、甲醇钠量 $4mL$、温度 $35℃$。

由上面的讨论可知，拟水平法不能保证整个正交表均衡搭配，只具有部分均衡搭配的性质。这种方法不仅可以对一个因素虚拟水平，也可以对多个因素虚拟水平，使正交表的选用更方便、灵活。

6.6　多指标的正交实验设计

实际中整个实验结果的好坏往往不是一个指标能全面评判的，因此多指标的实验设计是一种很常见的问题。不同指标的重要程度往往不一致，各因素对不同指标的影响也不完全相同，因此结果分析比较复杂。常见的处理方法包括综合平衡法和综合评分法。

综合平衡法：先对每个指标分别进行单指标的直观分析，得到每个指标的影响因素主次顺序和最佳水平组合，然后根据理论知识和实际经验，对各指标的分析结果进行综合比较和分析，得到最优方案。

综合评分法：根据各个指标的重要程度，对得出的实验结果进行分析，给每个实验评出分数，作为这个实验的总指标，然后根据这个总指标，利用单指标实验结果的直观分析法作进一步的分析，确定较好的实验方案。主要有排队综合评分法、加权综合评分法等。排队综合评分法是指几个指标在整个效果中同等重要、同等看待时，则可根据实验结果的全面情况，综合几个指标，按照效果的好坏，从优到劣排队，按规则进行评分（如 100 分制、5 分制、10 分制）。加权综合评分法是将同一个处理得到的各个指标乘以特定的权值，并相加得到一个权后指标值，再对所有的权后指标值进行正交实验分析。

例 6-5　选择性激光烧结（SLS）快速成型工艺优化

为提高 SLS 成型系统堆积方向微细结构的制作质量，以过度烧结深度、烧结密度和 Z 向尺寸偏差为优化指标，讨论激光功率、预热温度、激光扫描速度、分层厚度等成型工艺参数对试件质量的影响，并确定出最优工艺参数组合。

解：本例使用综合平衡法，根据实际操作过程及经验确定成型工艺参数主要选择：激光功率、预热温度、分层厚度和扫描速度等。每种因素 3 个水平。因素水平如表 6-17。

表 6-17　选择性激光烧结（SLS）快速成型工艺实验因素水平表

水平	激光功率 A/W	预热温度 B/℃	扫描速度 C/(m/s)	分层厚度 D/mm
1	16	88	2	0.10
2	20	98	3	0.15
3	24	108	4	0.20

考虑有 4 个控制因素各有 3 个水平，自由度是 8，选择实验次数为 9 的 $L_9(3^4)$ 正交实验表进行正交实验。

每组实验取 3 个试件，取平均值作为最终测量结果。表 6-18 为实验计划与实验结果。

表 6-18　选择性激光烧结（SLS）快速成型工艺实验方案与结果

实验号	A	B	C	D	烧结密度/(kg/mm³)	过度烧结深度/mm	Z 向尺寸偏差/mm
1	1	1	1	1	0.563	0.0569	0.7166
2	1	2	2	2	0.436	0.1988	0.0519
3	1	3	3	3	0.393	−0.1256	0.0784
4	2	1	2	3	0.545	0.1739	0.2352
5	2	2	3	1	0.436	0.2849	0.2987
6	2	3	1	2	0.636	0.3601	0.4549
7	3	1	3	2	0.514	0.2199	0.5536
8	3	2	1	3	0.626	0.3551	0.6076
9	3	3	2	1	0.721	0.4788	0.5828

采用正交实验的极差分析方法对烧结密度、过度烧结深度及 Z 向尺寸偏差测试结果进行计算，得出极差分析计算结果如表 6-19～表 6-21 所示。

表 6-19　烧结密度极差分析计算结果表　　　　单位：kg/mm

因素	k_{1j}	k_{2j}	k_{3j}	R
A	1.3942	1.6182	1.8623	0.4681
B	1.6235	1.4991	1.7522	0.2531
C	1.8274	1.7038	1.3437	0.4837
D	1.7216	1.5877	1.5655	0.1561

表 6-20　过度烧结深度极差分析计算结果表　　　　单位：mm

因素	k_{1j}	k_{2j}	k_{3j}	R
A	0.1301	0.8189	1.0539	0.9238
B	0.4507	0.8389	0.7133	0.3882
C	0.7721	0.8516	0.3792	0.4724
D	0.8207	0.7788	0.4034	0.4173

表 6-21　Z 向尺寸偏差极差分析计算结果表　　　　单位：mm

因素	k_{1j}	k_{2j}	k_{3j}	R
A	0.8469	0.9888	1.7437	0.8968
B	1.5054	0.9582	1.1158	0.5472
C	1.7991	0.8696	0.9307	0.9095
D	1.5978	1.0604	0.9212	0.6776

表中，k_{ij} 代表因子 j 第 i 个水平均值；R_j 代表因子 j 的极差。因子间的重要顺序按照极差值的大小排列，极差值越大，表示因子 j 对试件指标的影响越大。

由表 6-19 可看出各因素极差排序为：$R_C > R_A > R_B > R_D$，则影响试件烧结密度因素的重要顺序依次为：扫描速度、激光功率、预热温度和分层厚度。各影响因素在不同水平对烧结密度的趋势如图 6-2 所示。由图 6-2 可知：激光功率 A 在第 3 水平、预热温度 B 在第 3 水平、扫描速度 C 在第 1 水平、分层厚度 D 在第 1 水平时，烧结密度为最大，则对于烧结密度而言，最优工艺参数为 $A_3 B_3 C_1 D_1$。

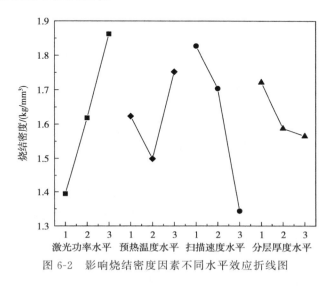

图 6-2 　影响烧结密度因素不同水平效应折线图

由表 6-20 可看出各因素极差排序为：$R_A > R_C > R_D > R_B$，则影响试件过度烧结深度因素的重要顺序依次为：激光功率、扫描速度、分层厚度和预热温度。各影响因素在不同水平对过度烧结深度的趋势如图 6-3 所示。由图 6-3 可知：激光功率 A 在第 1 水平、预热温度 B 在第 1 水平、扫描速度 C 在第 3 水平、分层厚度 D 在第 3 水平时，过度烧结深度为最小，则对于过度烧结深度而言，最优工艺参数为 $A_1 B_1 C_3 D_3$。

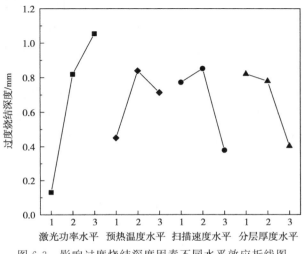

图 6-3 　影响过度烧结深度因素不同水平效应折线图

　　由表 6-21 可看出各因素极差排序为：$R_C > R_A > R_D > R_B$，则影响 Z 向尺寸偏差因素的重要顺序依次为：扫描速度、激光功率、分层厚度和预热温度。各影响因素在不同水平对 Z 向尺寸偏差的趋势如图 6-4 所示。由图 6-4 可知：激光功率 A 在第 1 水平、预热温度 B 在第 2 水平、扫描速度 C 在第 2 水平、分层厚度 D 在第 3 水平时，Z 向尺寸偏差为最小，则对于 Z 向尺寸偏差而言，最优工艺参数为 $A_1B_2C_2D_3$。

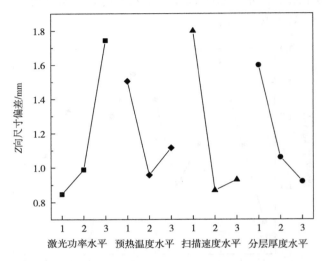

图 6-4　影响 Z 向偏差尺寸因素不同水平效应折线图

　　由于单一的实验指标不能得到较为理想的实验结果，因此采用了多指标对试件结果进行综合考察分析。在多指标正交实验方案中，由各个指标所计算分析出的最佳工艺参数组合之间可能会有一定的矛盾，因此采用综合平衡法确定最优水平组合。

　　① 因素 A。对于 3 个指标，A 是影响过度烧结深度的主要因素，是影响烧结密度和 Z 向尺寸偏差的次要因素。对于 Z 向尺寸偏差，次要因素 A 的极差为 0.8968mm，主要因素 C 的极差为 0.9095mm，二者比较接近，说明因素 A 和因素 C 对 Z 向尺寸偏差影响相当，因素 A 和 C 都可以视为影响 Z 向尺寸偏差主要因素。又因过度烧结深度和 Z 向尺寸偏差都是取 A_1 水平为最优，所以综合来看取 A_1 较好，即选取激光功率在 16W 这一水平。

　　② 因素 B。对于 3 个指标，B 均是较为次要因素。结合制件情况来看，温度在第 1 水平 88℃时，温度偏低，成形件有一定程度的翘曲变形，尤其是烧结成型初期更为明显。由于制件的翘曲变形，在铺粉时铺粉滚筒会接触到制件翘曲的部位使制件的位置发生变动，最终会导致制件的形位误差。温度在第 3 水平 108℃时，温度偏高，出现粉末板结，不利于成形。温度在第 2 水平 98℃时则比较合适。因此确定 B_2 为最优，即预热温度选择 98℃。

　　③ 因素 C。对于 Z 向尺寸偏差和烧结密度，C 是主要因素。由因素水平折线图知 Z 向偏差尺寸取 C_2 为最优，烧结密度取 C_1 为最优，但从图 6-2 来看，取 C_1 或 C_2 对烧结密度的影响差别不大，故烧结密度也可以取 C_2。对于过度烧结深度，C 是次要因素，从极差大小上看，远比不上因素 A 的影响，可见 C 对于烧结深度影响不大，并且按多数倾向应选取 C_2。由此确定 C_2 为最优，即激光扫描速度选第 2 水平参数 3m/s。

④ 因素 D。对于 3 个指标，D 均是次要因素，但考虑到偏大的分层厚度会对结构精细的部件造成尺寸误差和形状误差，因此在对过度烧结深度和烧结密度影响不大的情况下尽量选取小的分层厚度，而较小的分层厚度又会带来过度烧结深度变大，降低制作效率，综合考虑 D_2 为最优，即分层厚度为 0.15mm。通过综合分析平衡后，试件的最优工艺组合为 $A_1 B_2 C_2 D_2$，即激光功率选取 16W，预热温度选择 98℃，激光扫描速度选取 3m/s，分层厚度选取 0.15mm。

例 6-6 橡胶基摩擦材料的压制工艺选择

为了制备高性能的橡胶基摩擦材料，采用正交设计方法，选用丁腈橡胶和丁苯橡胶的混合物为基体，在其中添加提高材料摩擦系数的纤维增强材料以及降低磨损率的润滑调节剂等，经密炼机均匀捏合后制备成复合材料，探究最佳压制工艺参数。

解： 在影响实验指标的众多因素中，影响橡胶基摩擦材料摩擦磨损性能的主要因素是温压成型时候的压制压力和压制温度。本文按 2 因素 3 水平安排实验，正交实验的水平因素见表 6-22。选用 $L_9（3^4）$ 正交表确定实验方案，如表 6-23 所示。

表 6-22 橡胶基摩擦材料压制工艺正交实验的水平因素

水平	因素	
	压制压力/MPa	压制成型温度/℃
1	5	35
2	7	40
3	10	50

表 6-23 橡胶基摩擦材料压制工艺正交表

编号	因素	
	压制压力	压制成型温度
1	1	1
2	1	2
3	1	3
4	2	1
5	2	2
6	2	3
7	3	1
8	3	2
9	3	3

评价橡胶基摩擦材料性能的指标是摩擦系数、磨损量、硬度、密度。因此，对于材料综合性能的评价指标需要考虑这 4 个因素。通过对 9 组试样分别进行性能测试后，所得数据结果见表 6-24。

表 6-24　橡胶基摩擦材料压制工艺实验数据结果

编号	性能数据			
	摩擦系数 μ	磨损量/g	洛氏硬度（HRR）	密度/(g/cm³)
1	0.321	0.34	41.0	2.08
2	0.326	0.31	46.3	2.03
3	0.324	0.28	43.5	2.09
4	0.322	0.18	45.2	2.04
5	0.338	0.23	46.0	2.05
6	0.337	0.25	44.5	2.02
7	0.330	0.35	45.4	2.10
8	0.334	0.24	44.7	2.07
9	0.325	0.33	44.3	2.06

　　对于数据分析采用综合评分法，在 9 组的实验结果中，需要将 4 个指标转化为 1 个指标即综合评分，用各项指标相应的得分数之和来代表这一实验结果。对于摩擦材料性能优劣的制定标准：摩擦系数和硬度越大性能越好，磨损量和密度越小性能则越好。因此本研究设定打分标准：在 9 组实验中，摩擦系数、硬度值最大的给 9 分，最小的给 1 分；磨损率、密度最小的给 9 分，最大的给 1 分。

　　由于考虑到对于 4 个评价性能指标的影响程度不同，需要对 4 个性能指标制定相应的权数进行综合评分。本研究分别给定摩擦系数、磨损量、硬度、密度 4 个指标的权数，分别为 5、5、4、4。最后采用加权评分统计法计算总分，具体计算公式为：综合评分＝第 1 个指标得分×第 1 个指标权数＋…＋第 4 个指标得分×第 4 个指标权数。最终各项指标综合评分结果见表 6-25。

表 6-25　橡胶基摩擦材料压制工艺各指标综合评分结果

编号	得分				综合得分
	摩擦系数	磨损量	硬度	密度	
1	1	2	1	3	31
2	5	4	9	8	113
3	3	5	2	2	56
4	2	9	6	7	107
5	9	8	8	6	141
6	8	6	4	9	122
7	6	1	7	1	67
8	7	7	5	4	106
9	4	3	3	5	68

　　综合表 6-25 可以直观得出，实验号 5 的综合评分值最高，综合性能最好，此时压制压力为 7MPa，压制成型温度为 40℃。

　　采用极差分析法对实验数据进一步处理。由表 6-26 可见每一列的极差值是不同的，因此当因素水平发生变化时对实验指标的影响程度不同。所得的极差值越大，表明这一因素的水平值发生变动时对制品性能影响越大，反之。

表 6-26　橡胶基摩擦材料压制工艺正交实验分析结果

编号	列号		综合评分
	A	B	
1	1	1	31
2	1	2	113
3	1	3	56
4	2	1	107
5	2	2	141
6	2	3	122
7	3	1	67
8	3	2	106
9	3	3	68
I_j	200	205	
II_j	370	360	
III_j	241	246	
K_j	3	3	
I_j/K_j	66.7	68.3	
II_j/K_j	123.3	120	
III_j/K_j	80.3	82	
极差	56.6	51.7	
最优方案	A_2	B_2	

　　根据表 6-26 可以看出，极差最大的是因素 A，即压制压力；极差最小的是因素 B，即压制成型温度。因此，可以得出在制备橡胶基摩擦材料的工艺参数中，压制压力对材料性能的影响最大。对于因素 A，第二水平的综合值最大，故当压制压力为 7MPa 时性能最好；对于因素 B，第二水平的综合值最大，即当压制成型温度为 40℃时性能最好。所以制备橡胶基摩擦材料的最优方案是 A_2B_2。

　　这与第 5 组实验的综合得分最高相吻合，分析结果一致。

6.7 回归正交实验设计

回归正交实验设计是线性回归分析与正交实验设计两者有机结合而发展起来的一种实验设计方法。它利用了正交实验设计的"正交性"特点，科学合理地在正交表上安排实验，寻找最佳因素水平组合。再利用所得实验数据，在给定的整个区域中给出因素与指标之间的一个明确的函数表达式，即回归方程，并进行数据处理。

回归正交实验设计包括一次回归正交实验设计、二次回归正交实验设计等，本文仅介绍一次回归正交实验设计。

一次回归正交实验设计的步骤包括：确定因素的变化范围，进行因素水平编码；选择正交表；计算回归系数；检验回归方程和回归系数的显著性；回代求原回归方程。由于使用Excel能够计算出回归系数，并可以对回归方程和回归系数的显著性进行检验，因此只介绍因素水平编码、选择正交表和回代求原回归方程三部分知识。

6.7.1 因素水平编码

编码是回归正交实验设计的关键环节，也是回归正交实验设计与一般正交实验设计的主要区别。实验前，因素的水平取值必须满足编码的要求，数据处理才能大大简化计算。所谓因素的编码就是将因素水平的取值作适当的线性变换，构造因素水平与"编码"一一对应的关系。编码后使因素水平值换成最简单的整数字码，如-1、0、$+1$等等。

编码时，需要先确定每个因素的水平 z_i 范围。假设 z_{1i} 和 z_{2i} 是第 i 个因素水平的上、下界值，则 z_i 的变化区间为 $[z_{2i}, z_{1i}]$。若实验在 z_{1i} 和 z_{2i} 上进行，则 z_{1i} 和 z_{2i} 分别叫作 z_i 的上水平（用 $+1$ 表示）和下水平（用 -1 表示）。z_{1i} 和 z_{2i} 的算术平均值 $z_{0i} = 0.5 \times (z_{2i} + z_{1i})$，为因素 z_i 的基准水平或零水平（用 0 表示）。z_{1i} 和 z_{2i} 差值的一半 $\Delta i = 0.5 \times (z_{1i} - z_{2i})$ 为因素 z_i 的变化区间（或变化距离）。

设因素水平 z_i 编码后为 x_i，则 $x_i = (z_i - z_{0i})/\Delta i = 2(z_i - z_{1i})/(z_{1i} - z_{2i}) + 1$。当 $z_i = z_{1i}$ 时，$x_i = +1$，当 $z_i = z_{2i}$ 时，$x_i = -1$。通常因素的编码在表格中进行，如表 6-27 所示。

表 6-27　因素水平编码表

因素	z_1	z_2	⋯	z_m
编码记号	x_1	x_2	⋯	x_m
上水平（+1）	z_{11}	z_{12}	⋯	z_{1m}
基准水平（0）	z_{01}	z_{02}	⋯	z_{0m}
下水平（-1）	z_{21}	z_{22}	⋯	z_{2m}
变化区间	$\Delta 1$	$\Delta 2$	⋯	$\Delta 3$

6.7.2　选择正交表

一般选择 $L_n(q^m)$ 型正交表，视因素及交互作用的多少而定。为符合对因素编码需要，对于 2^m 型正交表中的 1、2 水平分别用 -1、$+1$ 替换；对于水平等间距 3^m 型正交表中的 1、2、3 水平分别用 -1、0 和 $+1$ 替换。

经上述变换后，正交表中的 -1、0 和 $+1$ 等可同时表示因素水平的不同状态，以及因素水平数量的多少。而且正交表中的交互作用列可直接由表中相应列的水平相乘得到，因此正交表的交互作用列表失去作用。

编码后的正交表任一列的和为零，任两列的内积为零，正交表的正交性更加清楚。

6.7.3　回代求原回归方程

若 m 个因素，根据正交实验设计进行了 n 次实验，实验结果分别为 y_1、$\cdots$、y_n，那么一次回归的数学模型为 $y=a_0+a_1x_1+\cdots+a_mx_m$。将 $x_i=(z_i-z_{0i})$ 代入该模型中，即得到原变量 z_1、$\cdots$、z_m 的回归方程 $\hat{y}=a_0+a_1\dfrac{z_1-z_{01}}{\Delta 1}+\cdots+a_m\dfrac{z_m-z_{0m}}{\Delta m}$。

6.7.4　回归正交实验设计的应用

例 6-7　硬质合金磨刀片切削力公式的建立

由经验公式可知，切削深度 t、进给量 s 和切削速度 v 是影响切削力 f 的主要因素，并符合 $f=Dt^a s^b v^c$ 关系。因素 t 的水平为 0.5mm 和 3.5mm，s 的水平为 0.2mm/r 和 0.5mm/r，v 的水平为 70m/min 和 110m/min。试确定关系式。

（1）确定因素的变化范围、因素水平编码

对关系式取对数，得 $\lg f=\lg D+a\lg t+b\lg s+c\lg v$，令 $y=\lg f$，$b_0=\lg D$，对三个变量进行因素水平编码：$x_1=2(\lg t-\lg 3.5)/(\lg 3.5-\lg 0.5)+1$，$x_2=2(\lg s-\lg 0.5)/(\lg 0.5-\lg 0.2)+1$，$x_3=2(\lg v-\lg 110)/(\lg 110-\lg 70)+1$。因素水平编码如表 6-28 所示。

表 6-28　硬质合金磨刀片切削力公式因素水平编码表

因素	t/mm	s/(mm/r)	v/(m/min)
编码记号	x_1	x_2	x_3
上水平（+1）	3.5	0.5	110
基准水平（0）	2.0	0.35	90
下水平（−1）	0.5	0.2	70
变化区间	1.5	0.15	20

编码后，回归问题转换为 $y = b_0 + ax_1 + bx_2 + cx_3$。

（2）确定实验方案

由于是 3 因素 2 水平的实验，选择 $L_8(2^7)$ 正交表，表中还有剩余列，可用来考察因素的交互作用，如表 6-29 所示。

表 6-29　硬质合金磨刀片切削力公式实验方案及结果

实验号	x_1	x_2	x_3	x_1x_2	x_1x_3	x_2x_3	$x_1x_2x_3$	f	y
1	1	1	1	1	1	1	1	291	2.464
2	1	1	−1	1	−1	−1	−1	303	2.481
3	1	−1	1	−1	1	−1	−1	153	2.185
4	1	−1	−1	−1	−1	1	1	177	2.248
5	−1	1	1	−1	−1	1	−1	45	1.653
6	−1	1	−1	−1	1	−1	1	48	1.681
7	−1	−1	1	1	−1	−1	1	21	1.322
8	−1	−1	−1	1	1	1	−1	30	1.477

（3）建立回归方程

方案确定后，进行实验，结果如表 6-29 所示。参照第 3 章使用 Excel 线性回归的操作方法，在本例中对 x_1、x_2、x_3 和 y 进行线性回归，可得到如表 6-30 所示的回归结果。

表 6-30　硬质合金磨刀片切削力公式回归结果

SUMMARY OUTPUT

回归统计	
Multiple R	0.99797
R Square	0.995944
Adjusted R Square	0.992902
标准误差	0.038579
观测值	8

方差分析

项目	df	SS	MS	F	Significance F
回归分析	3	1.461925	0.487308	327.4097	3.08E−05
残差	4	0.005953	0.001488		
总计	7	1.467879			

续表

项目	系数	标准误差	t Stat	P	Lower 95%	Upper 95%
Intercept	1.939	0.014	142.1	1.47E−08	1.901005	1.976745
x_1	0.406	0.014	29.7	7.61E−06	0.367755	0.443495
x_2	0.131	0.014	9.6	0.000659	0.093005	0.168745
x_3	−0.033	0.014	−2.4	0.073538	−0.07075	0.004995

回归方程为 $y = 1.939 + 0.406x_1 + 0.131x_2 − 0.033x_2$。

在本例中，如果对 x_1、x_2、x_3、x_1x_2、x_1x_3、x_2x_3、$x_1x_2x_3$ 和 y 进行回归的话，则 F、Significance F 和 P 均显示为 "♯NUM!"，参考其他文献，发现 x_1、x_2、x_3 的交互作用均非常小。

(4) 回归方程和系数的显著性检验

从表 6-30 方差分析栏可知 P 值（与 Significance F 相等）为 3.08E−05，说明回归方程显著。

由 x_1、x_2、x_3 的 P 值可知，x_1、x_2 高度显著，而 x_3 的 P 值 >0.05，但小于 0.2，因此显著性很弱。

(5) 回代求原回归方程

将编码公式代入回归方程中，得 $\lg f = 2.809 + 0.961\lg t + 0.658\lg s − 0.337\lg v$，整理得 $f = 644.1t^{0.96}s^{0.66}v^{-0.34}$。

需要注意的是，回归方程显著只表明一次回归方程在实验中与实验点的结果拟合得好，但并不表明其在被研究区域内部拟合效果是好的。如要研究区域内部的拟合情况，需要在基准水平处再安排一些重复实验。若在基准水平处实验结果的算术平均值与回归方程的回归系数差不多，则说明用一次回归方程与所描述的过程基本相符。反之则说明一次回归方程不能描述该过程，需要建立二次或更高次回归方程，即需进行二次回归正交实验设计。二次回归正交实验设计等可参考其他文献。

经过编者测试，对正交表的数据不编码，而是按照第 3 章的回归方法，对正交表按照原始水平数据进行拟合，则回归的方程为 $f = 637.2t^{0.96}s^{0.66}v^{-0.34}$。可见，该方程与用回归正交实验设计得到的方程差异非常小，而且两个方程的相关系数 R、SS、MS、F、Significance F，系数的 P 值除了 Intercept 外都一样，这说明即使不用回归正交实验设计依然可以得到很好的模型。用最简单的方法能够完成任务则选择最简单的方法，不需要把问题复杂化。回归正交实验设计目的是为了计算方便，但是现在 Excel 等软件足以非常轻松地完成计算任务，因此可以接受回归正交实验设计方法中正交实验后进行回归的思路，但是编码等则根据情况而定，不一定使用。

6.8 正交实验在材料科学与工程中的应用

学习正交实验设计的最终目的在于应用，正交实验设计在材料科学与工程科研、生产等领域得到了广泛的应用，下面结合编者的科研工作举例说明。

例 6-7　离心法制备 Al-16％Si FGM 中初晶硅分布

离心法制备梯度功能材料（FGM）是 1990 年由日本学者福井泰好首次提出的，其关键在于控制颗粒增强相的梯度分布。编者在 1997 年到 2000 年间采用离心法制备了 Al-16％Si FGM，采用正交实验设计优化了制备工艺。

在本实验中，实验目的是保证初晶硅分布的相对厚度最小，其评价指标是横断面上初晶硅分布的宽度与试样整体宽度之比。

在挑选因素时，需要考虑离心法制备 Al-Si FGM 中初晶硅分布相对厚度影响因素包括哪些。

在离心力场作用下，初晶硅将径向移动，这种移动最终的结果一方面受移动速度的影响，另外一方面受移动时间的影响。前者主要是离心力，也即旋转速度。后者主要涉及合金的凝固问题，当合金的黏度足够大以致初晶硅无法继续运动，则这时候初晶硅将处于相对静止状态。影响凝固的主要是浇注温度、铸型温度、铸型种类等。因此，当铸型种类确定之后，最终的因素可以确定为：旋转速度、浇注温度和铸型温度。

由于是编者自己设计制造的离心铸造机，只有 770r/min、900r/min、1400r/min 三种转速。

根据以往经验和资料分析，型温设置 150℃、200℃、250℃三个水平，浇注温度 650℃、700℃、750℃三个水平。

选用 4 因素 3 水平的正交表 $L_9(3^4)$，实验安排与结果如表 6-31 所示。

表 6-31　离心法制备 Al-16％Si FGM 中初晶硅分布

实验号	转速/(r/min)	型温/℃	浇注温度/℃	空白列	初晶硅分布相对厚度/％
1	1 (770)	1 (150)	1 (650)	1	32.4
2	1	2 (200)	2 (700)	2	46.6
3	1	3 (250)	3 (750)	3	56.8
4	2 (900)	1	2	3	33.2
5	2	2	3	1	50.8
6	2	3	1	2	50.9
7	3 (1400)	1	3	2	33.2
8	3	2	1	3	34
9	3	3	2	1	36.6
k_1	45.3	32.9	39.1		
k_2	45	43.8	38.8		
k_3	34.6	48.1	46.9		
极差 R	10.7	15.2	8.1		

实验的直观分析：

① 直接看的好条件。从表 6-31 的结果来看，第 1 号实验初晶硅分布相对厚度最小。

② 算一算的好条件。将各因素同一水平的结果求平均，得到表 6-31 中的 k_1、k_2 和 k_3。并进一步得到该因素的极差。

③ 分析极差，确定各因素的重要程度。极差大的说明影响程度大。根据上面求出的极差，可以看出各因素的重要程度顺序为：型温＞转速＞浇注温度。

④ 绘制趋势图，优化工艺。如图 6-5 所示，型温越低越好，转速越高越好，浇注温度取中间值。即 $A_3B_1C_2$ 工艺为理论上的最佳工艺。

⑤ 验证实验。通过实际的实验验证，并可从成本等角度进一步优化实验。

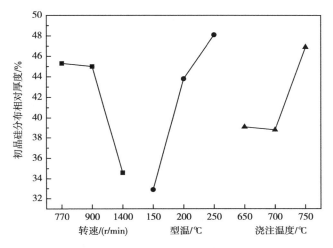

图 6-5　各因素对离心法制备 Al-16％Si FGM 中初晶硅分布的影响

例 6-8　Al/Mg/Al 三层复合板拉伸比刚度

编者指导本科生在毕业设计时研究了组分材料和组分材料厚度分布对 Al/Mg/Al 叠层板材料刚度的影响。叠层板材料分布和叠层板板厚分布各选取了 4 个水平进行正交设计，不考虑因素的交互作用。因素与水平如表 6-32 所示。

表 6-32　因素与水平表

水平	因素	
	叠层板材料分布 A	叠层板板厚分布 B（t_1，t_2）/mm
1	$A_1 = 7075Al/Mg\text{-}Gd\text{-}Y/7075Al$（7075-MGY）	$B_1 = $（1，8）
2	$A_2 = 7075Al/AZ31\text{-}H24/7075Al$（7075-AZ31）	$B_2 = $（2，6）
3	$A_3 = 3003Al/Mg\text{-}Gd\text{-}Y/3003Al$（3003-MGY）	$B_3 = $（3，4）
4	$A_4 = 3003Al/AZ31\text{-}H24/3003Al$（3003-AZ31）	$B_4 = $（4，2）

用 $L_{16}(4^5)$ 正交表安排实验，因素的个数 2 少于正交表的列数 5，因此有空白列，这并不影响实验结果的分析。不考虑因素的交互作用，实验的设计见表 6-33。

表 6-33　Al/Mg/Al 三层复合板拉伸比刚度实验安排表

实验号	因素			
	A	B	空白列	拉伸比刚度/(MPa·cm³/g)
1	1 (7075Al/Mg-Gd-Y/7075Al)	2 (2, 6)	3	24
2	3 (3003Al/ Mg-Gd-Y /3003Al)	4 (4, 2)	1	24.8
3	2 (7075Al/ AZ31-H24/7075Al)	4	3	25.6
4	4 (3003Al/AZ31-H24/3003Al)	2	1	25.3
5	1	3 (3, 4)	1	25.6
6	3	1 (1, 8)	3	23.9
7	2	1	1	25.5
8	4	3	3	25.3
9	1	1	4	23.3
10	3	3	2	24.3
11	2	3	4	25.6
12	4	1	4	25.4
13	1	4	2	25.2
14	3	2	4	23.8
15	2	2	2	25.5
16	4	4	4	25.3
T_1	24.5	24.5		
T_2	24	24.68		
T_3	24.2	25.2		
T_4	25.3	25.22		
R	1.3	0.72		

　　实验的结果及分析计算见表 6-33。实验结果的极差分析：①直接看，最好的是第 3、5 和 11 组实验。②计算各因素水平实验结果的平均值和极差。根据极差的大小对因素的主次进行排队，A 因素的极差为 1.3，B 因素的极差为 0.72，主 $\xrightarrow[\text{A\quad B}]{}$ 次，可见叠层板材料对叠层板刚度的影响较大。③作因素水平趋势图。用各因素的水平作横坐标，各水平的平均值作纵坐标作图，见图 6-6 所示。从图中可以看到按 7075Al/AZ31-H24/7075Al 来铺层拉伸比刚度最大，按 3003Al/AZ31-H24/3003Al 来铺层拉伸比刚度比前者稍小，进一步分析发现两者的中间层为 AZ31-H24。叠层板板厚分布 (t_1, t_2) ＝（4，2）时拉伸比刚度最大，且从趋势图上可以看出，随着外面两层 Al 板厚度的增加和中间层 Mg 板厚度的减少，拉伸比刚度趋于增加。由以上分析选出最优的水平组合为第三号实验 A_2B_4，从 16 次实验的直观观察发现第三号实验 A_2B_4 得到的叠层板拉伸比刚度确实最大。

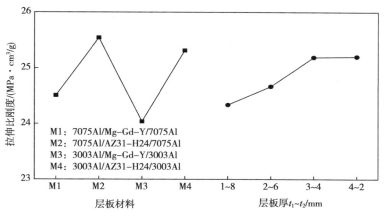

图 6-6　拉伸比刚度因素水平趋势图

习　题　6

6.1 组分材料和组分材料厚度分布对 Al/Mg/Al 三层复合板压缩强度有影响。为了进一步展现组分材料和组分材料厚度分布对叠层板材料强度的影响程度，对叠层板材料分布和叠层板板厚分布各选取了 4 个水平进行正交设计。实验安排与结果如表 1 所示。试用正交实验分析最佳工艺。

表 1　叠层板拉伸强度实验安排与结果

编号	因素			实验结果
	A	B	C（空白）	拉伸强度/MPa
1	1	2	3	366
2	3	4	1	186
3	2	4	3	430
4	4	2	1	158
5	1	3	1	402
6	3	1	3	144
7	2	1	1	325
8	4	3	3	172
9	1	1	4	330
10	3	3	2	172
11	2	3	4	395
12	4	1	2	144
13	1	4	2	437
14	3	2	4	158
15	2	2	2	360
16	4	4	4	186

6.2 铝镁合金叠层板的铆接结果如表 2 所示。试用正交实验分析最佳工艺。

表 2　用 L_{27}（$9^2 \times 3^9$）正交表安排实验和拉伸强度的方差分析

列号	1	2	3	4	5	6	7	8	9
编号	A	B	C	D	E	F	G	空白	拉伸张力 /(10^4N/m)
1	1（A_1）	1（B_1）	1（C_1）	1（D_1）	1（E_1）	1（F_1）	1（G_1）	1	25
2	1	2（B_2）	2（C_1）	2（D_2）	2（E_2）	1	2（G_2）	2	28
3	1	3（B_3）	3（C_3）	3（D_3）	3（E_3）	1	3（G_3）	3	30
4	2（A_2）	2	1	1	1	5（F_5）	2	3	48
5	2	3	2	2	2	5	3	1	50
6	2	1	3	3	3	5	1	2	41
7	3（A_3）	3	1	1	1	9（F_9）	3	2	36
8	3	1	2	2	2	9	1	3	29
9	3	2	3	3	3	9	2	1	28
10	4（A_4）	1	1	2	3	6（F_6）	2	3	31
11	4	2	2	3	1	6	3	1	19
12	4	3	3	1	2	6	1	2	42
13	5（A_5）	2	1	2	3	7（F_7）	3	2	113
14	5	3	2	3	1	7	1	3	38
15	5	1	3	1	2	7	2	1	113
16	6（A_6）	3	1	2	3	2（F_2）	1	1	84
17	6	1	2	3	1	2	2	2	16
18	6	2	3	1	2	2	3	3	98
19	7（A_7）	1	1	3	2	8（F_8）	3	2	72
20	7	2	2	1	3	8	1	3	136
21	7	3	3	2	1	8	2	1	88
22	8（A_8）	2	1	3	2	3（F_3）	1	1	34
23	8	3	2	1	3	3	2	2	150
24	8	1	3	2	1	3	3	3	21
25	9（A_9）	3	1	3	2	4（F_4）	2	3	57
26	9	1	2	1	3	4	3	1	128
27	9	2	3	2	1	4	1	2	39

6.3 试说明正交实验设计的优缺点。

6.4 试用 Excel 完成例 6-2 的方差分析。

第 **7** 章

均匀设计

本章教学重点

知识要点	具体要求
均匀设计的发展	了解均匀设计的发展史
均匀设计和正交设计的比较	掌握均匀设计和正交设计各自特点及使用场合
均匀设计表	掌握均匀设计表符号含义、$U_n(q^s)$ 和 $U_n^*(q^s)$ 均匀设计表构造方法、均匀设计表的特征
用均匀设计表安排实验	掌握用均匀设计表安排实验的步骤
均匀设计的实验结果分析	掌握均匀设计的实验结果分析步骤、Excel 操作过程
均匀设计的灵活应用	掌握水平数较少、混合水平、含有定性因素三种情况下均匀设计的方法

　　均匀设计是继 20 世纪 60 年代华罗庚教授倡导、普及的优选法和我国数理统计学者在国内普及推广的正交法之后，于 1978 年应航天部第三研究院飞航导弹火控系统建立数学模型，并研究其诸多影响因素的需要，由中国科学院应用数学所方开泰教授和王元教授提出的一种实验设计方法。与正交设计类似，均匀设计也是使用设计好的均匀设计表安排实验的方法。

7.1 均匀设计和正交设计的比较

　　作为目前最流行的两种实验设计的方法，正交设计和均匀设计各有所长、相互补充，两者的特点如下：

① 正交设计具有正交性，可以估计出因素的主效应，有时也能估出交互效应。均匀设计是非正交设计，不可能估计出方差分析模型中的主效应和交互效应，但可以估计出回归模型中因素的主效应和交互效应。

② 正交设计适用于水平数不高的实验，因为它的实验数至少为水平数的平方。如某一实验，有五个因素，每个因素取 31 水平，其全部组合有 $31^5 = 28625151$ 个，若用正交设计，至少需要做 961 次实验，而用均匀设计只需 31 次，所以均匀设计适合于多因素多水平实验。

③ 均匀设计提供的均匀设计表在选用时有较多的灵活性。例如，一项实验若每个因素取 4 个水平，用正交表 $L_{16}(4^5)$ 来安排，只需做 16 次实验，若改为 5 水平，则需用 $L_{25}(5^6)$ 表，做 25 次实验。从 16 次到 25 次对工业实验来讲工作量有显著不同。又如在一项实验中，原计划用均匀设计 $U_{13}^*(13^5)$ 来安排五个因素，每个有 13 个水平，只需做 13 次实验。后来由于某种需要，每个因素改为 14 个水平，这时可用 $U_{14}^*(14^5)$ 来安排，实验次数只需增加一次，只需做 14 次实验。均匀设计的这种性质，有人称为均匀设计实验次数随水平增加有"连续性"，并称正交设计有"跳跃性"。

④ 正交设计的数据分析简单，且"直观分析"可以给出实验指标随各因素的水平变化的规律。均匀设计的数据需要进行回归分析，有时需用逐步回归等筛选变量的技巧，需要使用到相关软件，如 SAS、SPSS、Excel 等。1994 年成立的中国数学会均匀设计分会还编制了一套软件"均匀设计与统计调优软件包"供均匀设计和数据处理、分析使用，非常方便。

7.2 均匀设计表及构造

7.2.1 均匀设计表符号及特点

均匀设计表代号 $U_n(q^s)$ 或 $U_n^*(q^s)$，其中"U"表示均匀设计，"n"表示要做的实验次数，"q"表示每个因素有 q 个水平，"s"表示该表有 s 列，即最大容纳的因素数。U 右上角加"＊"和不加"＊"代表两种不同类型的均匀设计表。通常加"＊"的均匀设计表有更好的均匀性，应优先选用。例如 $U_6^*(6^4)$ 表示要做次 6 实验，每个因素有 6 个水平，该表最多容纳 4 个因素。表 7-1～表 7-3 分别是 $U_6^*(6^4)$、$U_7(7^4)$ 和 $U_7^*(7^4)$ 三种均匀设计表。

表 7-1　$U_6^*(6^4)$

实验号	因素			
	1	2	3	4
1	1	2	3	6
2	2	4	6	5
3	3	6	2	4

续表

实验号	因素			
	1	2	3	4
4	4	1	5	3
5	5	3	1	2
6	6	5	4	1

表 7-2　$U_7(7^4)$

实验号	因素			
	1	2	3	4
1	1	2	3	6
2	2	4	6	5
3	3	6	2	4
4	4	1	5	3
5	5	3	1	2
6	6	5	4	1
7	7	7	7	7

表 7-3　$U_7^*(7^4)$

实验号	因素			
	1	2	3	4
1	1	3	5	7
2	2	6	2	6
3	3	1	7	5
4	4	4	4	4
5	5	7	1	3
6	6	2	6	2
7	7	5	3	1

　　每个均匀设计表都附有一个使用表，指导如何从设计表中选用适当的列，以及由这些列所组成的实验方案的均匀度。表 7-4 是 $U_6^*(6^4)$ 的使用表，如果只有两个因素，则选用 1、3 两列安排实验；若有三个因素，则选用 1、2、3 三列。最后 1 列 D 表示刻画均匀度的偏差，值越小，表示均匀度越好。例如使用 $U_7(7^4)$ 和 $U_7^*(7^4)$ 安排两个因素的实验，后者偏差 D 值（0.1582）小于前者偏差 D 值（0.2398），应优先择用。当试验数 n 给定时，通常 U_n 表比 U_n^* 表能安排更多的因素。故当因素 s 较大，且超过 U_n^* 的使用范围时可使用 U_n 表。

表 7-4 $U_6^*(6^4)$ 的使用表

s	列号				D
2	1	3			0.1875
3	1	2	3		0.2656
4	1	2	3	4	0.2990

均匀设计有其独特的布（实验）点方式，具有实验安排的"均衡性"，即对各因素，每个因素的每个水平一视同仁。其特点表现在：

①每个因素的各水平做一次且仅做一次实验。②任两个因素的实验点在平面的格子点上，每行每列有且仅有一个实验点。③均匀设计表任两列组成的实验方案一般并不等价。均匀设计表的这一性质和正交表有很大的不同，因此，每个均匀设计表必须有一个附加的使用表。④当因素的水平数增加时，实验数按水平数的增加量而增加。如当水平数从 9 水平增加到 10 水平时，实验数 n 也从 9 增加到 10。而正交设计当水平增加时，实验数按水平数平方的比例在增加。当水平数从 9 到 10 时，实验数将从 81 增加到 100。由于这个特点，使均匀设计更便于使用。

7.2.2 均匀设计表构造

每个均匀设计表都是一个长方阵，设有 n 行 m 列，每列是 $\{1, 2, \cdots, n\}$ 的一个置换（即 1 到 n 的重新排列），每行是 $\{1, 2, \cdots, n\}$ 的一个子集，可以是真子集。

（1）$U_n(n^s)$ 均匀设计表构造

① 首先确定表的第 1 行。给定实验次数 n 时，表的第 1 行数据由 1 到 n 之间与 n 互素（最大公约数为 1）的整数构成。例如当 $n=9$ 时，与 9 互素的 1 到 9 之间的整数有 1、2、4、5、7、8；而 3、6、9 不是与 9 互素的整数。这样表 $U_9(9^6)$ 的第 1 行数据就是 1、2、4、5、7、8。可见，均匀设计表能够容纳的最大因素数（列数 s）是由实验次数 n 决定的。

② 表的其余各行的数据由第 1 行生成。记第 1 行的 r 个数分别为 h_1、$\cdots$、h_r，表的第 $k(k < n)$ 行第 j 列的数字是 kh_j 除以 n 的余数，而第 n 行的所有数据都是 n。

对于表 $U_9(9^6)$ 第 1 列第 1 行的数据是 $h_1=1$，其第 1 列第 $k(k < 9)$ 行的数字就是 k 除以 n 的余数，也就是 k，这样其第 1 列就是 1、2、$\cdots$、9。实际上，表 $U_n(n^s)$ 的第 1 列元素总是 1、2、$\cdots$、n。

表 $U_9(9^6)$ 第 2 列第 1 行的数据是 $h_2=2$，其第 2 列第 $k(k < 9)$ 行的数字就是 $2k$ 除以 n 的余数，也就是 2、4、6、8、1、3、5、7、9。

给出均匀设计表的实验次数 n 和第 1 行后，就可以用 Excel 软件计算出其余各行的元素，例如对 $U_9(9^6)$ 表，先把实验号和列号输入表中，再把第 1 行数据 1、2、4、5、7、8 输入区域"B2：G2"中，然后在"B3"单元格内输入公式"＝MOD（\$A3 * B\$2，9）"，再把公式复制到区域"B2：G9"，而第 9 行的数据都输入 9，如表 7-5 所示。

表 7-5 用 Excel 软件计算均匀设计表 $U_9(9^6)$

实验号	列号					
	1	2	3	4	5	6
1	1	2	4	5	7	8
2	2	4	8	1	5	7
3	3	6	3	6	3	6
4	4	8	7	2	1	5
5	5	1	2	7	8	4
6	6	3	6	3	6	3
7	7	5	1	8	4	2
8	8	7	5	4	2	1
9	9	9	9	9	9	9

（2）$U_n^*(n^s)$ 均匀设计表构造

均匀设计表的列数是由实验次数 n（表的行数）决定的，当 n 为素数时可获得 $n-1$ 列，而 n 不是素数时表的列数总是小于 $n-1$ 列。例如 $n=6$ 时只有 1 和 5 两个数与 6 互素，这说明当 $n=6$ 时用上述办法生成的均匀设计表只有 2 列，即最多只能安排两个因素，这太少了。为此，可以将表 $U_7(7^6)$ 的最后行去掉来构造 U_6。为区别由前面的方法生成的均匀设计表，记为 $U_6^*(6^6)$。

若实验次数 n 固定，当因素数目 s 增大时，均匀设计表的偏差 D 也随之增大。所以在实际使用时，因素数目 s 一般控制在实验次数 n 的一半以内，或者说实验次数 n 要达到因素数目 s 的 2 倍。例如 U_7 理论上有 6 列，但是实际上最多只安排 4 个因素，所以见到的只有 $U_7(7^4)$ 表，而没有 $U_7(7^6)$ 表。

需要注意的是 U 表最后一行全部由水平 n 组成，若每个因素的水平都是由低到高排列，最后一个实验将是所有最高水平相组合。在有些实验中，例如在化工实验中，所有最高水平组合在一起可能使反应过分剧烈，甚至爆炸。反之，若每个因素的水平都是由高到低排列，则 U_n 表中最后一个实验将是所有低水平的组合，有时也会出现反常现象，甚至化学反应不能进行。U_n^* 表的最后一行则不然，比较容易安排实验。

U_n^* 表比 U_n 表有更好的均匀性，但是当实验数 n 给定时，有时 U_n 表也可以比 U_n^* 表能安排更多的因素。例如表 $U_7(7^4)$ 和表 $U_7^*(7^4)$ 形式上看都有 4 列，似乎都可以安排 4 个因素，但是由使用表看到，用表 $U_7^*(7^4)$ 实际上最多只能安排 3 个因素，而表 $U_7(7^4)$ 则可以安排 4 个因素。故当因素数目较多，且超过 U^* 表的使用范围时可使用 U 表。

7.3 用均匀设计表安排实验

均匀设计表安排实验的步骤和正交设计很相似，但也有一些不同之处。通常有如下步骤：

① 根据实验的目的，选择合适的因素和相应的水平。

② 选择合适的均匀设计表，根据该表的使用表从中选出列号，将因素分别安排到这些列号上，并将这些因素的水平按所在列的指示分别对号，则实验就安排好了。

例 7-1 Al/Mg/Al 叠层板轧制复合工艺优化

在 Al/Mg/Al 叠层板轧制复合工艺考察中，为了提高板间结合强度，选取了轧制压下率（A）、预热温度（B）和预热时间（C）三个因素，各取了 7 个水平如下：

轧制压下率（A，%）：20，30，40，50，60，70，80

预热温度（B，℃）：200，240，280，320，360，400，440

预热时间（C，min）：10，15，20，25，30，35，40

解：根据因素和水平，选取均匀设计表 $U_7(7^4)$ 或 $U_7^*(7^4)$。由它们的使用表中可以查到，当 $s = 3$ 时，两个表的偏差分别为 0.3721 和 0.2132，故应当选用 $U_7^*(7^4)$ 来安排该实验，其实验方案列于表 7-6。该方案是将 A、B、C 分别放在 $U_7^*(7^4)$ 表的后 3 列而获得的。

表 7-6 Al/Mg/Al 叠层板轧制复合方案 $U_7^*(7^4)$

编号	轧制压下率（A）/%	预热温度（B）/℃	预热时间（C）/min
1	40 (3)	360 (5)	40 (7)
2	70 (6)	240 (2)	35 (6)
3	20 (1)	440 (7)	30 (5)
4	50 (4)	320 (4)	25 (4)
5	80 (7)	200 (1)	20 (3)
6	30 (2)	400 (6)	15 (2)
7	60 (5)	280 (3)	10 (1)

本实验也可以使用 $U_7(7^4)$ 均匀设计表，实验方案列于表 7-7。

表 7-7 Al/Mg/Al 叠层板轧制复合方案 $U_7(7^4)$

编号	轧制压下率（A）/%	预热温度（B）/℃	预热时间（C）/min
1	20 (1)	240 (2)	20 (3)
2	30 (2)	320 (4)	35 (6)
3	40 (3)	400 (6)	15 (2)
4	50 (4)	200 (1)	30 (5)
5	60 (5)	280 (3)	10 (1)
6	70 (6)	360 (5)	25 (4)
7	80 (7)	440 (7)	40 (7)

例 7-2　三峡围堰柔性材料配合比

三峡二期围堰高 90m，水下部分达 60m。推荐方案用坝区风化沙砾填筑堰体，水下抛填至一定高度后分层压实，堰体形成后由冲击钻在堰体内造孔连续浇筑成防渗心墙。由于水下抛填的密实度不大，为了适应墙体较大的变形，要求增大墙体材料的柔性并保持一定的强度，且抗渗性好。由于三峡二期围堰是关系到三峡工程能否顺利建成的重要工程，其关键技术列入国家重点攻关项目，防渗墙体柔性材料就是其中的一项重要内容。长江科学院根据三峡坝区风化沙储量丰富的特点，提出采用三峡风化沙、当地黏土和适当水泥及少量外加剂与水拌和而成的柔性防渗心墙材料（以下简称柔性材料）的新课题，多年来进行了大量室内、室外实验研究，部分成果已用于三峡一期围堰等工程。

按照 1993 年在武汉召开的"八五"攻关工作会议讨论的意见，确定柔性材料的配合比设计及优选的攻关目标如下：

① 在弹性模量较低的范围内尽可能地提高强度，即"高强低弹"，要求单轴抗压强度 R28 达到 $3.0 \sim 4.0$ MPa，初始切线模量为 800MPa 左右，相应的模强比为 250 左右。

② 防惨性能好，渗透系数小于 10^{-7} cm/s。

③ 拌和物流动性好，要求指标为坍落度 $18 \sim 22$ cm，1h 后坍落度在 15cm 以上初凝时间不小于 6h。

柔性材料的因素也即基本原料为三峡风化沙、当地黏土、水泥及少量外加剂。

① 风化沙。用三峡坝区花岗岩剧烈风化物，其天然状态的粒径一般小于 20mm，其中大于 5mm 的颗粒约占 1%，小于 0.1mm 的细粒料通常小于 5%，不均匀系数为 $8\% \sim 12\%$。在配制的柔性材料中，风化沙占大部分，约占柔性材料重量的 $70\% \sim 80\%$。

② 土料。采用当地黏土，黏粒含量 38%，它在柔性材料中的百分含量约为 10% 左右，所用土料均需配制成一定密度的泥浆，以便拌和均匀。

③ 水泥。实验中主要采用♯425 普通硅酸盐水泥，约占柔性材料重量的 $10\% \sim 15\%$。

柔性材料配合比是指单位体积柔性材料中水泥、黏土、风化沙及水用量（kg/m³）。前三种为柔性材料原材料中的干料，是控制力学参数的关键因素；后者在前三种确定的情况下可用水胶比［水/（水泥＋黏土）］的形式表达。配合比实验就是将前三种原材料的用量进行不同的搭配组合，经试拌确定水胶比后备样成型保护，按龄期测定其力学参数，据此优选满足要求的配合比。根据"七五"攻关及过去的柔性材料配合比实践，三种原材料中风化沙占大部分，水泥和黏土所占比例较少，但对材料的强度和弹性模量起极大作用。在柔性材料强度指标要求不高（如 R28＜2.0MPa）的情况下，比较容易找到弹性模量较小的配合比，而强度要求较高（如 R28＞3.0MPa）且弹性模量要求较低时，则需要在各原材料含量较宽的范围内详细考察它的力学性质，这样才有可能优选出满足要求的配合比。为此将各因素的含量范围适当扩大以控制各原材料含量可能出现的范围并将各因素划分为 10 个水平，以便详细考察柔性材料的力学特性，如表 7-8 所示。

上述 3 因素 10 水平共有 1000 组可能的组合，即全面实验要进行 1000 次实验。采用均匀设计，因素数目 $s=3$，因素水平 $q=10$，选用 $U_{10}^*(10^8)$ 均匀设计表，只需做 10 次实验。从 $U_{10}^*(10^8)$ 的使用表查得 $s=3$ 时，表中的第 1、5、6 列来安排实验的均匀性最好，实验的安排与结果如表 7-9 所示。

表 7-8　三峡围堰柔性材料配合比因素水平表

因素	水平									
	1	2	3	4	5	6	7	8	9	10
水泥 C/kg	180	200	220	240	260	280	300	320	340	360
黏土 A/kg	90	100	110	120	130	140	150	160	170	180
风化沙 F/kg	1200	1250	1300	1350	1400	1450	1500	1550	1600	1650

表 7-9　三峡围堰柔性材料配合比实验的安排与结果

编号	水泥 C	黏土 A	风化沙 F	抗压强度/MPa	初始弹性模量/MPa	模强比
1	1	5	7	1.75	600	342
2	2	10	3	2.03	796	392
3	3	4	10	1.62	560	345
4	4	9	6	2.52	780	309
5	5	3	2	3.20	1100	346
6	6	8	9	3.09	800	258
7	7	2	5	4.24	1110	262
8	8	7	1	4.05	1350	333
9	9	1	8	3.87	920	237
10	10	6	4	4.67	1800	385

由表 7-9 看到 10 组初选配比中有 3 组配比即 $C_6A_8F_9$、$C_7A_2F_5$ 和 $C_9A_1F_8$ 的 R28 抗压强度分别为 3.09MPa、4.24MPa、3.87MPa，初始弹性模量分别为 800MPa、1110MPa、920MPa，模强比分别为 258、262 和 237，即 3 组配合比的水泥土的强度指标和模强比指标均达到了攻关目标，这表明上述实验设计是成功的。值得指出的是，对于 3 因素 10 水平实验，如果用正交设计至少要做 100 次实验才能达到上述实验效果，如果只做 10 次实验，用正交设计方法只能将每个因素安排 3 个水平，由此可见均匀设计用于多因素多水平的实验设计具有很大的优越性。

7.4　均匀设计的实验结果分析

前面的例子中由实验结果直接可以看到符合要求的实验条件，由于均匀设计的实验次数相对较少，因而在多数场合下不能直接从实验中找到满意的实验条件，需要通过回归分析寻找最优实验条件。

对均匀设计结果采用回归分析时，一般先使用多元线性回归，如果线性回归的效果不够好则使用多项式回归。当因素之间存在交互作用时应该采用含有交叉项的多项式回归，通常采用二次多项式回归。做回归分析时要使用因素的实际数值。回归分析的相关操作可参见第 3 章 "回归分析"。

例 7-3　淀粉接枝丙烯制备高吸水性树脂工艺优化

在淀粉接枝丙烯制备高吸水性树脂的实验中，为提高树脂吸盐水的能力，考察了丙烯酸用量（x_1）、引发剂用量（x_2）、丙烯酸中和度（x_3）和甲醛用量（x_4）四个因素，每个因素取 9 个水平，如表 7-10 所示。

表 7-10　淀粉接枝丙烯制备高吸水性树脂实验的因素水平表

水平	丙烯酸用量 x_1/mL	引发剂用量 x_2/%	丙烯酸中和度 x_3/mL	甲醛用量 x_4/mL
1	12.0	0.3	48.0	0.20
2	14.5	0.4	53.5	0.35
3	17.0	0.5	59.0	0.50
4	19.5	0.6	64.5	0.65
5	22.0	0.7	70.0	0.80
6	24.5	0.8	75.5	0.95
7	27.0	0.9	81.0	1.10
8	29.5	1.0	86.5	1.25
9	32.0	1.1	92.0	1.40

解： 根据因素和水平，可以选取均匀设计表 $U_9^*(9^4)$ 或者 $U_9(9^5)$。由它们的使用表可以发现，均匀表 $U_9^*(9^4)$ 最多只能安排 3 个因素，因此选 $U_9(9^5)$ 安排实验。根据 $U_9(9^5)$ 使用表，将 x_1、x_2、x_3 和 x_4 分别放在 1、2、3、5 列，实验方案如表 7-11 所示。

表 7-11　淀粉接枝丙烯制备高吸水性树脂实验方案

水平	x_1/mL	x_2/%	x_3/mL	x_4/mL	吸盐水率 y/%
1	12.0	0.4	64.5	1.25	34
2	14.5	0.6	86.5	1.10	42
3	17.0	0.8	59.0	0.95	40
4	19.5	1.0	81.0	0.80	45
5	22.0	0.3	53.5	0.65	55
6	24.5	0.5	75.5	0.50	59
7	27.0	0.7	48.0	0.35	60
8	29.5	0.9	70.0	0.20	61
9	32.0	1.1	92.0	1.40	63

如果采用直观分析法，9号实验方案所得产品的吸盐水能力最强，可以将9号实验对应的条件作为较好的工艺条件。

如果对上述实验结果进行回归分析，得到的回归方程为：

$$Y = 18.585 + 1.644x_1 - 11.667x_2 + 0.101x_3 - 3.333x_4$$

该回归方程相关系数 $R = 0.993$，分差分析结果如表 7-12，可见所求的回归方程非常显著，该回归方程是可信的。

由回归方程可以看出：x_1 和 x_3 的系数为正，表明实验指标随之增加而增加；x_2 和 x_4 的系数为负，表明实验指标随之增加而减小。因此，确定优方案时，前者的取值应偏上限，后者取下限，即丙烯酸 32mL，引发剂 0.3%，丙烯酸中和度 92%，甲醛 0.20mL。将其代入回归方程，$y = 76.3$。这结果好于9号实验结果，但需要验证实验。

表 7-12　淀粉接枝丙烯制备高吸水性树脂实验结果方差分析

项目	df	SS	MS	F	Significance F
回归分析	4	919	229.75	70.69231	0.000578254
残差	4	13	3.25		
总计	8	932			

为了判断各因素的主次顺序，对各因素进行 t 检验，结果如表 7-13 所示，比较各个因素的 P 值就可以大致看出各个因素对因素变量作用的重要性。可见因素主次顺序为：$x_1 > x_2 > x_3 > x_4$，即丙烯酸用量 > 引发剂用量 > 丙烯酸中和度 > 甲醛用量。

表 7-13　各因素对淀粉接枝丙烯吸水性的 t 检验结果

项目	Coefficients	标准误差	t Stat	P
Intercept	18.584	3.704	5.017	0.007
X Variable 1	1.644	0.1267	12.980	0.0002
X Variable 2	−11.667	3.167	−3.684	0.0211
X Variable 3	0.101	0.0576	1.754	0.1543
X Variable 4	−3.333	2.111	−1.579	0.1896

对回归方程在各因素给定的水平范围内求最大值，即 x_1 和 x_2 取最大值，x_3 和 x_4 取最小值，吸盐水倍率为 75.15%。由于优化的工艺组合并不在已完成的实验中，为了再现所得指标值可靠性，需要进行验证实验，并与9号实验方案对比。

为了得到更好的结果，可对上述工艺条件进一步考察，x_1 和 x_3 可以取更大一点，x_2 和 x_4 取更小一点，也许会得到更优的实验方案。

7.5　均匀设计的灵活应用

由于实际问题千变万化，很多场合需要把均匀设计灵活地运用到不同的问题中，可以从三个方面介绍灵活运用均匀设计的方法。

（1）水平数较少的均匀设计

当因素水平较少时，要使用实验次数大于因素水平数目的均匀设计表 $U_n(q^s)$，不要使用实验次数等于因素水平数目的均匀设计表 $U_n(n^s)$ 或 $U_n^*(n^s)$。因为实验的次数太少就不能有效地对实验数据做回归分析。这时可以把实验的次数定为因素水平数目的 2 倍。例如有 $s = 4$ 个因素，每个因素的水平数目 $q = 5$，这时需要安排 $n = 10$ 次实验。为此，一个简单的方法是采用拟水平法，把 5 个水平的因素虚拟成 10 个水平的因素，使用均匀设计表 $U_{10}^*(10^8)$ 安排实验，但是这种方法的均匀性不够好。实际上这个问题可以直接使用 $U_{10}(5^8)$ 均匀设计表安排实验。对一般的实验次数大于因素水平数目的问题可以直接使用 $U_n(q^s)$ 均匀设计表安排实验。

（2）混合水平的均匀设计

可以对水平数少的因素采用拟水平的方法增加水平数目，从而使用正常的均匀设计表安排实验。

另外也可以采用混合水平均匀设计表安排实验。

（3）含有定性因素的均匀设计

当存在定性因素的时候，可以采用伪变量的处理方法，将定性因素转化为定量值。

7.6 均匀设计在材料科学与工程中的应用

（1）均匀设计法在新型摩阻材料研制中的应用

随着汽车工业的迅速发展和人们环保意识的提高，不但对用作安全配件的刹车片——摩阻材料的需求量大为增加，而且对其性能和环境友好性提出更高要求。石棉摩阻材料引起的粉尘可能有致癌作用，且在较高温度下易发生衰退，将会被无石棉摩阻材料所取代。碳纤维具有高强、高模、高耐热性、优良的热传导性，特别是单位面积吸收功率大，且密度小，是增强效果最好的石棉代用品。碳纤维增强摩阻材料是一种新型的无石棉摩阻材料，具有广阔的应用前景。

为了优化聚丙烯腈基碳纤维配方，山东大学何东新等在约束条件下，统筹兼顾新型摩阻材料中各材质要素，用均匀设计法进行配方优化设计，可减少实验次数，体现出均匀实验设计在处理多因素问题上的优越性；从试验效果上来看，产品达到 GB 5763—1998 的性能要求。

在聚丙烯腈基碳纤维中含有改性酚醛树脂（X_1）、丁腈橡胶粉（X_2）、钢纤维（X_3）、硅灰石（X_4）、高岭土（X_5）、碳酸钙（X_6）、碳纤维及助剂（X_7）、填料重晶石，如表7-14

所示。

表 7-14　原材料的使用情况

原材料	符号	用量范围（质量分数）/%	原材料	符号	用量范围（质量分数）/%
改性酚醛树脂	X_1	13～19	高岭土	X_5	16～26
丁腈橡胶粉	X_2	7～12	碳酸钙	X_6	6～11
钢纤维	X_3	7～10	碳纤维及助剂	X_7	6
硅灰石	X_4	15～26	填料重晶石	X_8	添至100

以原材料为因素，则有七个变量，因此应在均匀设计使用表中选取有七个列的使用表，还要遵循尽量减少试验次数的原则，所以选取了 $U_{12}^*(12^{10})$ 表（表 7-15）以及相应的使用表（表 7-16）。

表 7-15　$U_{12}^*(12^{10})$

配方	1	2	3	4	5	6	7	8	9	10
1	1	2	3	4	5	6	8	9	10	12
2	2	4	6	8	10	12	3	5	7	11
3	3	6	9	12	2	5	11	1	4	10
4	4	8	12	3	7	11	6	10	1	9
5	5	10	2	7	12	4	1	6	11	8
6	6	12	5	11	4	10	9	2	8	7
7	7	1	8	2	9	3	4	11	5	6
8	8	3	11	6	1	9	12	7	2	5
9	9	5	1	10	6	2	7	3	12	4
10	10	7	4	1	11	8	2	12	9	3
11	11	9	7	5	3	1	10	8	6	2
12	12	11	10	9	8	7	5	4	3	1

表 7-16　$U_{12}^*(12^{10})$ 使用表

因素数 s	列号	偏差 D
2	1，5	0.1163
3	1，6，9	0.1838
4	1.6.7，9	0.2233
5	1，3，4，8，10	0.2272
6	1，2，6，7，8，9	0.2670
7	1，2，6，7，8，9，10	0.2768

　　据此，可确定因素在相应水平的用量，见表 7-17，其中 X_7 的量是固定值 6%（质量分数）。

表 7-17　因素及其在相应水平的用量　　　　　　单位：%

水平	橡胶粉 X_1	钢纤维 X_2	硅灰石 X_3	高岭土 X_4	碳酸钙 X_5	橡胶粉 X_6
1	13	7	7	15	16	6
2	15	7	8	17	18	7
3	17	8	9	19	20	8
4	19	8	10	21	22	9
5	13	9	7	23	24	10
6	15	9	8	25	26	11
7	17	10	9	15	16	6
8	19	10	10	17	18	7
9	13	11	7	19	20	8
10	15	11	8	21	22	9
11	17	12	9	23	24	10
12	19	12	10	25	26	11

　　配方试验方案如表 7-18 所示。

表 7-18　配方试验方案（质量分数）　　　　　　单位：%

配方	X_1	X_2	X_3	X_4	X_5	X_6	X_7	X_8
1	13	7	8	17	20	9	6	20
2	15	8	10	19	24	6	6	12
3	17	9	7	23	16	9	6	13
4	19	10	9	25	22	6	6	3
5	13	11	10	15	26	10	6	9
6	15	12	8	19	18	7	6	15
7	17	7	9	21	24	10	6	6
8	19	8	7	25	16	7	6	12
9	13	9	8	15	20	11	6	18
10	15	10	10	17	26	8	6	8
11	17	11	7	21	18	11	6	9
12	19	12	9	23	22	8	6	1

　　按配方比例称料→混料→预烘→热压→脱模→后处理→试片。预烘工艺参数：温度 85℃，时间 20min；热压工艺参数：压力 20～30MPa，模温 160～180℃，保压时间

3.0min/mm；后处理工艺参数：温度150℃±5℃，时间4h。用D－MS定速式摩擦试验机，分别测出各试样在100℃、150℃、200℃、250℃、300℃、100℃下的摩擦学试验数据，如表7-19所示。

表 7-19　实验结果［其中磨损率单位为 $10^{-7}\,cm^3/(cm \cdot N)$ ］

配方	性能	100℃	150℃	200℃	250℃	300℃	100℃
1	摩擦系数	0.452	0.436	0.426	0.374	0.228	0.376
	磨损率	0.158	0.213	0.322	0.548	1.051	0.180
2	摩擦系数	0.53	0.46	0.37	0.25	0.054	0.42
	磨损率	0.157	0.241	0.543	0.832	2.852	0.193
3	摩擦系数	0.376	0.46	0.434	0.344	0.206	0.398
	磨损率	0.130	0.129	0.256	0.448	0.862	0.124
4	摩擦系数	0.4	0.45	0.432	0.25	0.198	0.424
	磨损率	0.1458	0.1535	0.2708	0.5936	0.6788	0.1235
5	摩擦系数	0.48	0.50	0.472	0.36	0.212	0.4
	磨损率	0.128	0.160	0.269	0.492	0.832	0.156
6	摩擦系数	0.44	0.496	0.446	0.388	0.22	0.41
	磨损率	0.110	0.137	0.217	0.400	1.00	0.129
7	摩擦系数	0.4	0.452	0.462	0.374	0.184	0.412
	磨损率	0.136	0.187	0.251	0.437	1.054	0.143
8	摩擦系数	0.452	0.49	0.414	0.312	0.18	0.4
	磨损率	0.112	0.145	0.283	0.489	0.938	0.129
9	摩擦系数	0.42	0.486	0.436	0.42	0.26	0.42
	磨损率	0.107	0.149	0.237	0.364	1.058	0.140
10	摩擦系数	0.404	0.422	0.46	0.412	0.244	0.408
	磨损率	0.177	0.212	0.239	0.392	0.757	0.143
11	摩擦系数	0.406	0.472	0.474	0.376	0.204	0.41
	磨损率	0.101	0.146	0.205	0.367	0.850	0.144
12	摩擦系数	0.472	0.476	0.48	0.30	0.184	0.44
	磨损率	0.122	0.140	0.173	0.439	0.902	0.120

　　比较上面的12个配方，可见，随温度升高，磨损率增大；摩擦系数在100～200℃趋于平稳；温度继续升高，则表现出明显的降低。从摩擦系数的离散分布状况看，配方9和10较好；但从磨损率的离散分布状况看，配方4和10较好。结合实际使用的制动平稳性和安全性，在磨损率差别较小的情况下，应优先考虑摩擦系数的大小。所以综合考虑这12个配方，以配方9较好。就摩擦学性能而言，该配方产品达到GB 5763—1998中3类的性能要求（即中、重型车鼓式制动器用摩阻材料）。

由于是在实验室条件下对所制备的摩阻材料进行研究，因此依据 GB 5763—1998，侧重于摩阻材料的摩擦系数和磨损率。从原材料的选取、混合到摩擦磨损试验前标准尺寸试片的制得，中间经历一系列工序，应当说每一步的不恰当都会对最终材料的摩擦磨损性能造成影响。而从大的方面来讲，影响最终材料摩擦磨损性能的因素有两种：内部因素和外部因素。这一系列的工序是每一次配方都必须具有的，且为外部因素。复合成摩阻材料的诸多原材料为内部因素，虽然作用不同，但仍有起决定作用的原材料：基体胶黏剂、增强材料（如纤维含量）和橡塑比（即树脂与胶粉之比）等。

（2）超音速电弧喷涂 Ti-Al 合金涂层结合强度与其工艺参数之间的关系

影响电弧喷涂涂层结合强度的因素主要有喷涂电压、喷涂电流、喷涂距离、喷涂压力、基体粗化程度等。如果电压太小，喷涂颗粒的尺寸大；电压太大，则涂层的沉积效率下降，且喷涂粒子的氧化现象加剧，从而对涂层的结合强度产生不利的影响。电流与电压乘积的大小决定了喷涂过程中的实时功率，它代表着电弧的温度，决定了丝材的熔融程度以及喷涂颗粒的大小。功率太小，喷涂颗粒的尺寸变大；功率太大则影响涂层的沉积效率，喷涂粒子的氧化加剧，影响粒子与基体金属的结合，进而影响涂层的结合强度。而喷涂距离太小，会增大基体金属的温度，产生较大的热应力，对涂层的结合强度有不利的影响；喷涂距离太大，增大喷涂粒子的氧化，使涂层中的氧化物和氮化物的数量增大，同样会对涂层的结合强度产生不良影响。因此，李平等采用喷涂电压、喷涂电流和喷涂距离为均匀设计的因素，结合喷涂设备的特点，各因素的水平值拟取为 6 个。均匀设计表选择 $U_6^*(6^4)$，选其中 1、2、3 三列安排试验，其方差值为 0.2656。各因素的水平值如表 7-20 所示，所形成的试验设计表如表 7-21。

表 7-20　试验因素的水平值

试验因素	水平值					
喷涂电压/V	1（20）	2（26）	3（29）	4（32）	5（35）	6（38）
喷涂电流/A	1（20）	2（40）	3（60）	4（80）	5（100）	6（120）
喷涂距离 D/cm	1（5）	2（10）	3（15）	4（20）	5（25）	6（30）

表 7-21　试验设计方案和试验结果

实验号	喷涂电压/V	喷涂电流/A	喷涂距离 D/cm	涂层结合强度/MPa
1	1（20）	2（40）	3（15）	22.69
2	2（26）	4（80）	6（30）	20.01
3	3（29）	6（120）	2（10）	25.97
4	4（32）	1（20）	5（25）	18.91
5	5（35）	3（60）	1（5）	27.55
6	6（38）	5（100）	4（20）	27.47

考虑到喷涂电压、电流和距离本身及其交互因素对涂层结合强度的影响，采用逐步回归模型进行数据的分析和处理。结果如下：

$$\sigma_b = 20.885 + 0.04895I + 0.003265VI - 0.000792I^2 - 0.0072D^2$$

在铝基表面超音速电弧喷涂 Ti－Al 合金涂层的工艺因素中，喷涂电压、喷涂电流和喷涂距离对涂层的结合强度均有影响，并且电压和电流之间存在交互作用。其中喷涂距离对结合强度的影响最大，呈二次非线性递减趋势；其次是喷涂电压，其对涂层结合强度的影响为线性递增规律；而喷涂电流对涂层结合强度的影响因受喷涂电压的制约呈二次抛物线规律变化。在本试验条件下，最佳喷涂工艺参数为：喷涂电压 38V，喷涂电流 100A，喷涂距离 5cm。

习 题 7

7.1 比较正交设计和均匀设计的特点。

7.2 借助 Excel 生成 $U_8(8^4)$ 均匀设计表。

7.3 如何定量评判一个人的颜值？

附录 1　课程实验及简要指导书

1. Origin 软件将例 2-4 数据绘制成一张图

操作过程：

① 启动 OriginPro 2018C（中文版本）。

② 四个温度需要四列安排，因此需要增加 3 列。点击菜单"列"，再点"增加新列 [C]"，或者按组合键"Ctrl+D"，在弹出的对话框中输入 3，点"确定"。

③ A 列的 1～3 行分别输入 1、2、3，即 1h、2h、3h。B 列输入 200℃ 1～3h 对应的硬度数据，C 列输入 250℃ 1～3h 对应的硬度数据，D 列输入 300℃ 1～3h 对应的硬度数据，E 列输入 350℃ 1～3h 对应的硬度数据。

④ 鼠标点选"A（X）"，按住鼠标左键不放，从"A（X）"移到"E（Y）"，选择 A～E 列。或者鼠标光标移到"A（X）"左面和长名称上面对应的区域，光标变成右斜 45° 的箭头，点击，同样选择所有的列。点击绘图菜单，在 2D 中选择点线图中的点线图。或者点击底部 ✐ 也可绘制点线图。

⑤ 对绘制的图进行必要的修饰，如增加 X、Y 轴的含义及单位；将刻度线设置为朝内；新增无刻度的上边和右边的轴线；修改图例。

⑥ 点击"菜单编辑""复制页面"，将图形复制到粘贴板中，然后粘贴到 Word 文档中。

2. Origin 软件完成例 6-1 中的趋势分析图

操作过程：

① 启动 OriginPro 2018C（中文版本）。

② 四个因素需要四列安排，因此需要增加 3 列。点击菜单"列"，再点"增加新列 [C]"，或者按组合键"Ctrl+D"，在弹出的对话框中输入 3，点"确定"。

③ 将数据分开输入，输入数据，将所有的水平放在 A 列，挤压速度对应的 k1~k3 放置在 B 列的 1~3 行，预热温度对应的 k1~k3 放置在 C 列的 4~6 行，挤压比对应的 k1~k3 放置在 D 列的 7~9 行，工作带长度对应的 k1~k3 放置在 E 列的 10~12 行（这是关键步骤）。

④ 将 A 列设为"Text"类型（这是关键步骤）。左键点"A（X）"处，选中该列，再点右键，弹出对话框，左键点"属性"，弹出属性对话框。在选项中"格式"改为"文本"。点"确定"。

⑤ 鼠标点选"A（X）"，按住鼠标左键不放，从"A（X）"移到"E（Y）"，选择 A~E 列。或者鼠标光标移到"A（X）"左面和长名称上面对应的区域，光标变成右斜 45° 的箭头，点击，同样选择所有的列。点击绘图菜单，在 2D 中选择点线图中的点线图。或者点击底部 ✎ 也可绘制点线图。

⑥ 对绘制的图进行必要的修饰，如增加 X、Y 轴的含义及单位；将刻度线设置为朝内；新增无刻度的上边和右边的轴线；修改图例。

⑦ 点击"菜单编辑"及"复制页面"，将图形复制到粘贴板中，然后粘贴到 Word 文档中。

3. 正交试验助手完成例 6-1 直接分析、趋势图、方差分析，并假设因素两两之间存在交互作用，分析交互作用

正交试验助手具有非常详细的中文帮助，请按照该帮助操作。

附录 2 常用正交实验表（简表）

（1）L_4（2^3）

试验号	列号		
	1	2	3
1	1	1	1
2	1	2	2
3	2	1	2
4	2	2	1
组	1	2	

（2）L_8（2^7）

试验号	列号						
	1	2	3	4	5	6	7
1	1	1	1	1	1	1	1
2	1	1	1	2	2	2	2

续表

试验号	列号						
	1	2	3	4	5	6	7
3	1	2	2	1	1	2	2
4	1	2	2	2	2	1	1
5	2	1	2	1	2	1	2
6	2	1	2	2	1	2	1
7	2	2	1	1	2	2	1
8	2	2	1	2	1	1	2
组	1	2				3	

$L_8(2^7)$：二列间的交互作用表

列号 \ 列号	1	2	3	4	5	6	7
	(1)	3	2	5	4	7	6
		(2)	1	6	7	4	5
			(3)	7	6	5	4
				(4)	1	2	3
					(5)	3	2
						(6)	1

(3) $L_{12}(2^{11})$

试验号	1	2	3	4	5	6	7	8	9	10	11
1	1	1	1	1	1	1	1	1	1	1	1
2	1	1	1	1	1	2	2	2	2	2	2
3	1	1	2	2	2	1	1	1	2	2	2
4	1	2	1	2	2	1	2	2	1	1	2
5	1	2	2	1	2	2	1	2	1	2	1
6	1	2	2	2	1	2	2	1	2	1	1
7	2	1	2	2	1	1	2	2	1	2	1
8	2	1	2	1	2	2	2	1	1	1	2
9	2	1	1	2	2	2	1	2	2	1	1
10	2	2	2	1	1	1	1	2	2	1	2
11	2	2	1	2	1	2	1	1	1	2	2
12	2	2	1	1	2	1	2	1	2	2	1

（4）$L_{16}(2^{15})$

试验号	1	2	3	4	5	6	7	8	9	10	11	12	13	14	15
1	1	1	1	1	1	1	1	1	1	1	1	1	1	1	1
2	1	1	1	1	1	1	1	2	2	2	2	2	2	2	2
3	1	1	1	2	2	2	2	1	1	1	1	2	2	2	2
4	1	1	1	2	2	2	2	2	2	2	2	1	1	1	1
5	1	2	2	1	1	2	2	1	1	2	2	1	1	2	2
6	1	2	2	1	1	2	2	2	2	1	1	2	2	1	1
7	1	2	2	2	2	1	1	1	1	2	2	2	2	1	1
8	1	2	2	2	2	1	1	2	2	1	1	1	1	2	2
9	2	1	2	1	2	1	2	1	2	1	2	1	2	1	2
10	2	1	2	1	2	1	2	2	1	2	1	2	1	2	1
11	2	1	2	2	1	2	1	1	2	1	2	2	1	2	1
12	2	1	2	2	1	2	1	2	1	2	1	1	2	1	2
13	2	2	1	1	2	2	1	1	2	2	1	1	2	2	1
14	2	2	1	1	2	2	1	2	1	1	2	2	1	1	2
15	2	2	1	2	1	1	2	1	2	2	1	2	1	1	2
16	2	2	1	2	1	1	2	2	1	1	2	1	2	2	1
区组名	1	2		3				4							

$L_{16}(2^{15})$：二列间的交互作用表

列号＼列号	1	2	3	4	5	6	7	8	9	10	11	12	13	14	15
	(1)	3	2	5	4	7	6	9	8	11	10	13	12	15	14
		(2)	1	6	7	4	5	10	11	8	9	14	15	12	13
			(3)	7	6	5	4	11	10	9	8	15	14	13	12
				(4)	1	2	3	12	13	14	15	8	9	10	11
					(5)	3	2	13	12	15	14	9	8	11	10
						(6)	1	14	15	12	13	10	11	8	9
							(7)	15	14	13	12	11	10	9	8
								(8)	1	2	3	4	5	6	7
									(9)	3	2	5	4	7	6
										(10)	1	6	7	4	5
											(11)	7	6	5	4
												(12)	1	2	3
													(13)	3	2
														(14)	1

（5）$L_{20}(2^{19})$

试验号	1	2	3	4	5	6	7	8	9	10	11	12	13	14	15	16	17	18	19
1	1	1	1	1	1	1	1	1	1	1	1	1	1	1	1	1	1	1	1
2	2	2	1	1	2	2	2	2	1	2	1	2	1	1	1	1	2	2	1
3	2	1	1	2	2	2	2	1	2	1	2	1	1	1	1	2	2	1	2
4	1	1	2	2	2	2	1	2	1	2	1	1	1	1	2	2	1	2	2
5	1	2	2	2	2	1	2	1	2	1	1	1	1	2	2	1	2	2	1
6	2	2	2	2	1	2	1	2	1	1	1	1	2	2	1	2	2	1	1
7	2	2	2	1	2	1	2	1	1	1	1	2	2	1	2	2	1	1	2
8	2	2	1	2	1	2	1	1	1	1	2	2	1	2	2	1	1	2	2
9	2	1	2	1	2	1	1	1	1	2	2	1	2	2	1	1	2	2	2
10	1	2	1	2	1	1	1	1	2	2	1	2	2	1	1	2	2	2	2
11	2	1	2	1	1	1	1	2	2	1	2	2	1	1	2	2	2	2	1
12	1	2	1	1	1	1	2	2	1	2	2	1	1	2	2	2	2	1	2
13	2	1	1	1	1	2	2	1	2	2	1	1	2	2	2	2	1	2	1
14	1	1	1	1	2	2	1	2	2	1	1	2	2	2	2	1	2	1	2
15	1	1	1	2	2	1	2	2	1	1	2	2	2	2	1	2	1	2	1
16	1	1	2	2	1	2	2	1	1	2	2	2	2	1	2	1	2	1	1
17	1	2	2	1	2	2	1	1	2	2	2	2	1	2	1	2	1	1	1
18	2	2	1	2	2	1	1	2	2	2	2	1	2	1	2	1	1	1	1
19	2	1	2	2	1	1	2	2	2	2	1	2	1	2	1	1	1	1	2
20	1	2	2	1	1	2	2	2	2	1	2	1	2	1	1	1	1	2	2

（6）$L_{24}(2^{23})$

试验号	1	2	3	4	5	6	7	8	9	10	11	12	13	14	15	16	17	18	19	20	21	22	23
1	1	1	1	1	1	1	1	1	1	1	1	1	1	1	1	1	1	1	1	1	1	1	1
2	1	1	1	1	1	1	1	1	1	1	1	2	2	2	2	2	2	2	2	2	2	2	2
3	1	1	1	1	2	2	2	2	2	2	2	1	1	1	1	1	1	2	2	2	2	2	2
4	1	1	1	2	2	1	1	2	2	2	2	1	1	2	2	2	2	1	1	1	1	2	2
5	1	1	2	2	2	2	2	1	2	2	2	2	1	1	1	2	2	1	1	2	2	1	1
6	1	1	2	2	2	2	2	2	1	1	2	2	2	2	1	1	2	2	1	1	1	1	1
7	1	2	2	1	1	2	2	2	2	1	1	1	1	1	2	2	2	2	1	1	2	1	1
8	1	2	2	1	1	2	2	1	1	2	2	2	2	2	2	1	1	1	1	1	1	2	2
9	1	2	2	1	1	1	1	1	2	2	2	2	2	2	1	1	2	2	2	2	1	1	1

续表

试验号	1	2	3	4	5	6	7	8	9	10	11	12	13	14	15	16	17	18	19	20	21	22	23
10	1	2	2	2	2	2	2	1	1	1	1	1	1	1	1	2	2	2	2	1	1	2	2
11	1	2	2	2	2	1	1	2	2	1	1	2	2	1	1	1	1	1	1	2	2	2	2
12	1	2	2	2	2	1	1	1	1	2	2	1	1	2	2	1	1	2	2	2	2	1	1
13	2	1	2	1	2	1	2	1	2	1	2	1	2	1	2	1	2	1	2	1	2	1	2
14	2	1	2	1	2	1	2	1	2	1	2	2	1	2	1	2	1	2	1	2	1	2	1
15	2	1	2	1	2	2	1	2	1	2	1	1	2	1	2	1	2	2	1	2	1	2	1
16	2	1	2	2	1	1	2	2	1	2	1	1	2	2	1	2	1	1	2	1	2	2	1
17	2	1	2	2	1	2	1	1	2	2	1	2	1	1	2	2	1	1	2	2	1	1	2
18	2	1	2	2	1	2	1	2	1	1	2	2	1	2	1	2	1	1	2	2	1	1	2
19	2	2	1	1	2	2	1	2	1	1	2	1	2	2	1	1	2	1	2	2	1	1	2
20	2	2	1	1	2	2	1	1	2	2	1	2	1	2	1	1	2	1	2	1	2	2	1
21	2	2	1	1	2	1	2	2	1	2	1	2	1	1	2	2	1	2	1	1	2	2	1
22	2	2	1	2	1	2	1	1	2	1	2	1	2	1	2	2	1	2	1	1	2	2	1
23	2	2	1	2	1	1	2	2	1	1	2	2	1	1	2	1	2	2	1	2	2	1	1
24	2	2	1	2	1	1	2	1	2	2	1	1	2	2	1	1	2	2	1	2	1	1	2

（7）$L_9(3^4)$

试验号	1	2	3	4
1	1	1	1	1
2	1	2	2	2
3	1	3	3	3
4	2	1	2	3
5	2	2	3	1
6	2	3	1	2
7	3	1	3	2
8	3	2	1	3
9	3	3	2	1
区组名	1		2	

附录 3 相关系数临界值表

$n-2$	$\alpha=0.05$ 变量总数				$\alpha=0.01$ 变量总数			
	2	3	4	5	2	3	4	5
1	0.997	0.999	0.999	0.999	1.000	1.000	1.000	1.000
2	0.950	0.975	0.983	0.987	0.990	0.995	0.997	0.998
3	0.878	0.930	0.950	0.961	0.959	0.976	0.983	0.987
4	0.811	0.881	0.912	0.930	0.917	0.949	0.962	0.970
5	0.754	0.836	0.874	0.898	0.874	0.917	0.937	0.949
6	0.707	0.795	0.839	0.867	0.834	0.886	0.911	0.927
7	0.666	0.758	0.807	0.838	0.798	0.855	0.885	0.904
8	0.632	0.726	0.777	0.811	0.765	0.827	0.860	0.882
9	0.602	0.697	0.750	0.786	0.735	0.800	0.836	0.861
10	0.576	0.671	0.726	0.763	0.708	0.776	0.814	0.840
11	0.553	0.648	0.703	0.741	0.684	0.753	0.793	0.821
12	0.532	0.627	0.683	0.722	0.661	0.732	0.773	0.802
13	0.514	0.608	0.664	0.703	0.641	0.712	0.755	0.785
14	0.497	0.590	0.646	0.686	0.623	0.694	0.737	0.768
15	0.482	0.574	0.630	0.670	0.606	0.677	0.721	0.752
16	0.468	0.559	0.615	0.655	0.590	0.662	0.706	0.738
17	0.456	0.545	0.601	0.641	0.575	0.647	0.691	0.724
18	0.444	0.532	0.587	0.628	0.561	0.633	0.678	0.710
19	0.433	0.520	0.575	0.615	0.549	0.620	0.665	0.698
20	0.423	0.509	0.563	0.604	0.537	0.608	0.652	0.685
21	0.413	0.498	0.552	0.592	0.526	0.596	0.641	0.674
22	0.404	0.488	0.542	0.582	0.515	0.585	0.630	0.663
23	0.396	0.479	0.532	0.572	0.505	0.574	0.619	0.652
24	0.388	0.470	0.523	0.562	0.496	0.565	0.609	0.642
25	0.381	0.462	0.514	0.553	0.487	0.555	0.600	0.633
26	0.374	0.454	0.506	0.545	0.478	0.546	0.590	0.624
27	0.367	0.446	0.498	0.536	0.470	0.538	0.582	0.615
28	0.361	0.439	0.490	0.529	0.463	0.530	0.573	0.606

续表

| n−2 | α=0.05 | | | | α=0.01 | | | |
| | 变量总数 | | | | 变量总数 | | | |
	2	3	4	5	2	3	4	5
29	0.355	0.432	0.482	0.521	0.456	0.522	0.565	0.598
30	0.349	0.426	0.476	0.514	0.449	0.514	0.558	0.591
35	0.325	0.397	0.445	0.482	0.418	0.481	0.523	0.556
40	0.304	0.373	0.419	0.455	0.393	0.454	0.494	0.526
45	0.288	0.353	0.397	0.432	0.372	0.430	0.470	0.501
50	0.273	0.336	0.379	0.412	0.354	0.410	0.449	0.479
60	0.250	0.308	0.348	0.380	0.325	0.377	0.414	0.442
70	0.232	0.286	0.324	0.354	0.302	0.351	0.386	0.413
80	0.217	0.269	0.304	0.332	0.283	0.330	0.362	0.389
90	0.205	0.254	0.288	0.315	0.267	0.312	0.343	0.368
100	0.195	0.241	0.274	0.300	0.254	0.297	0.327	0.351
125	0.174	0.216	0.246	0.269	0.228	0.266	0.294	0.316
150	0.159	0.198	0.225	0.247	0.208	0.244	0.270	0.290
200	0.138	0.172	0.196	0.215	0.181	0.212	0.234	0.253
300	0.113	0.141	0.160	0.176	0.148	0.174	0.192	0.208
400	0.098	0.122	0.139	0.153	0.128	0.151	0.167	0.180
500	0.088	0.109	0.124	0.137	0.115	0.135	0.150	0.162
1000	0.062	0.077	0.088	0.097	0.081	0.096	0.106	0.115

附录 4 典型试卷及参考答案

参考答案

试卷一

一、填空题（10×2 分）

1. 射击训练时，战士小王 5 枪均中 10 环，但是他打在别人的靶上了。根据数据的精准度，小王射击成绩 (1) 高、(2) 低、(3) 低。

2. 文字、表格、图形三种方法中，展示数据趋势效果最好的是 (4)。

3. X、Y 回归分析结果中相关系数 $R=1$，则说明 (5)。

4. 根据离散数据和连续数据绘图要求，10 个工资号的教师与工资的关系图应绘制成 (6) 图。

5. 使用一台控温精度 ±10℃ 的热处理炉进行热处理实验，在安排热处理温度的水平时，各水平间隔至少要大于 (7)℃。

6. 考察热处理温度和时间对材料性能是否存在显著差异，拟定了 4 个温度、3 种时间，每个处理需要做 3 次实验，需要采用 (8) 对数据进行分析。

7. 不需要目标函数为单峰的单因素实验设计方法有 (9)。

8. 根据实验设计的原则，为了确定课题组研究水平在国际上的地位，需要把课题组的研究结果与国际同行 (10)。

二、简答题（50 分）

1. 多因素实验设计方法中，属于整体实验设计方法的有哪些？（6 分）

2. 正常情况下男人的力气比女人力气大。设计一个实验（含方差处理方法），证明男人的力气比女人力气小，并说明其违反了什么实验设计原则。（6 分）

3. 已知考虑的因素分别是温度、时间、压力，各因素都有 10 种水平数，请根据均匀设计方法，给出最终的实验方案（表格应符合规范）。不需要写出具体的水平值，以 1 到 10 表示。（6 分）

4. 已知函数 $f(x)$ 在求解域 $x \in [0，10]$ 范围内为单峰函数，拟求该函数在该范围内的极值。试给出 2 种方法，进行简单说明，并判断将求解域缩小到 0.01 倍 $[0，10]$ 时需要的实验次数。（8 分）

5. 写出下列参考文献正确的格式。（6 分）

（1）学位论文类

吕久明. 铝青铜平面微弹簧挤压成形过程中裂纹形成和分布研究 [J]. 南京理工大学，2019.

（2）杂志类

杨超众，崔振山，隋大山，等 . 316LN 钢热成形过程损伤断裂模型与数值模拟 [M]，塑性工程学报，2014；21（5）；93-98.

（3）论著类

侯一，张二. 计算机在材料科学与工程中的应用 [D]. 机械工业出版社，2015.

6. 对下列方程进行线性化处理。（12 分）

（1）$y = a + b\ln x - cx^2$；

（2）$\sqrt{y} = a + b\sin x + c\cos x$；

（3）$\dfrac{1}{y} = \dfrac{a\mathrm{e}^{bx}}{\cos^c x}$；

（4）$y = a(b - \mathrm{e}^x)$

7. 正交实验方案放置在 Excel 表中，具体位置如图 1 所示，根据上课时老师操作的方法，请使用通用的形式写出挤压速度对应 K1、K2、K3 的 averageif 函数和 round 函数嵌套的计算表达式，要求保留 2 位小数。（6 分）

	A	B	C	D	E	F
1	试验号	轧制压下量(A)	挤压速度(B)	摩擦条件(C)	弹簧线宽(D)	裂纹密度（%）
2	1	1(30%)	1 (0.2mm/min)	1 (干摩擦)	1(0.3mm)	3.4
3	2	1	2 (1mm/min)	2 (机械油)	2(0.5mm)	6.3
4	3	1	3 (2mm/min)	3 (二硫化钼)	3(1mm)	1.1
5	4	2 (50%)	1	1	2	5.3
6	5	2	2	2	3	4.8
7	6	2	3	3	1	2.8
8	7	3 (70%)	1	2	1	6.5
9	8	3	2	3	2	7.2
10	9	3	3	1	3	2.5
11	K1					
12	K2					
13	K3					

图 1　正交表位置

三、综合题（30 分）

研究轧制及后续退火对铜合金抗拉强度的影响，其中考察的因素包括轧制压下率（A，%），轧制温度（B，℃），退火温度（C，℃）和退火时间（D，min），其中假设轧制压下率和退火温度、轧制压下率与退火时间具有交互作用。根据正交实验方法，实验方案如表 1 所示。

表 1　工艺对铜合金抗拉强度的影响

序号	A/%	B	A×B	C/℃	A×C	D/min	抗拉强度/MPa
1	30	250	1	300	1	60	156
2	30	250	1	400	2	120	132
3	30	300	2	300	2	120	150
4	30	300	2	400	2	60	127
5	50	250	2	300	2	60	98
6	50	250	2	400	1	120	162
7	50	300	1	300	1	120	173
8	50	300	1	400	1	60	186

（1）请找出表 1 中的错误（7 分）。（2）按照直接分析法完成该正交实验设计的数据分析，假设指标望大。（23 分）

试卷二

一、填空题（10×2 分）

1. 为了做出味美的蛋糕，考虑到空气湿度的问题，老李师傅每天早晨 7 点做蛋糕。老

参考答案

李师傅采用了江西面粉、山东面粉、东北面粉三种面粉，鸡蛋个数为一个、两个、三个，放油量一勺、两勺、三勺。其中每天早晨 7 点这一条件是 (1)。

2. 某高校某教授团队 2016 年 11 月份从国际某著名学术期刊撤稿，原因是模拟预测结果与别人实验结果不符。这种现象说明该论文不符合 (2) 原则。

3. 考察 3 个温度下不同时间时热处理效果，需要采用 (3)。

4. 按照任课教师的讲授，因素对指标影响规律性展示时，(4) 形式效果最差。

5. 不需要目标函数为单峰的单因素实验设计方法有 (5)。

6. 相同精度时，单因素实验设计方法中 (6) 求解最快。

7. 有一正交实验，其水平数为 9，则需要至少做 (7) 次实验。

8. (8) 思想可以将定性指标或水平转化为定量指标或水平。

9. X、Y 回归分析结果中相关系数 $R=0$，则说明 (9)。

10. 绘制学号与成绩的关系图时应该绘制成 (10)。

二、简答题 (57 分)

1. 说明 215MPa 和 215.00MPa 的区别。(6 分)

2. 拟通过均匀实验设计方法制订实验方案，5 个因素，每个因素 11 个水平。请写出该均匀设计表的符号，并构造该均匀实验设计表。(7 分)

3. 根据所学的实验设计方法求下列问题：已知 2，4，6，8，10，…数列，求其和得到 2018，结果发现计算时遗漏了 1 数字，请问遗漏的是什么数？(6 分)

4. 写出下列参考文献正确的格式。(6 分)

(1) 学位论文，孙乐乐. 表面层机械研磨处理铜合金力学性能的研究 [J]. 昆明理工大学，2016.

(2) 杂志，Hwang KS, Lee S-M，S. K. Kim，et al. Micro- and nanocantilever devices and systems for biomolecule detection [M]. Annual Review of Analytical Chemistry. 2009；2 (1)：77-98.

(3) 论著，张新平，封善飞，洪祥挺，等. 材料工程实验设计及数据处理 [D]. 国防工业出版社，2013.

5. 对下列方程进行线性化处理。(6 分)

(1) $\dfrac{1}{y} = \dfrac{a\,\mathrm{e}^{bx}}{\cos^c x}$；

(2) $\sqrt{y} = a + b\sin x + c\cos x$；

(3) $y = a + b\ln x - cx^2$

6. 根据优化实验过程的不同，均分法、爬山法、0.618 法、随机实验法、抛物线法、正交实验法、均匀实验法分别属于什么类别。(7 分)

7. 研究单因素影响时，其水平范围为 [a，b]，如果将求解区域缩小到 1% [a，b]，问采用均分法、对分法、黄金分割法分别需要多少次数？(6 分)

8. 正交试验方案放置在 Excel 表中，具体位置如图 1 所示，根据上课时老师操作的方法，请写出挤压速度对应 k1、k2、k3 的 averageif 函数和 round 函数嵌套的计算表达式，要

求保留 0 位小数。(6 分)

	A	B	C	D	E	F	G
13							
14			挤压速度	工作带长度	挤压温度	热处理	挤出长度，mm
15		1	1	1	1	1	
16		2	1	2	2	2	
17		3	1	3	3	3	
18		4	2	1	2	3	
19		5	2	2	3	1	
20		6	2	3	1	2	
21		7	3	1	3	2	
22		8	3	2	1	3	
23		9	3	3	2	1	
24							
25		k1					
26		k2					
27		k3					
28		R					

图 1　正交表位置

9. 设计一个实验（含方差处理方法），证明 60 岁老人的黑头发平均多于 20 岁男人的，并说明其违反了什么实验设计原则。(7 分)

三、综合题（23 分）

探索温度、上砂时间、上砂电流密度和电流类型对电铸试样表面粗糙度 R_a 的影响，正交实验设计结果如表 1 所示。找出表中的错误（7 分），并按照直接分析法完成该正交实验设计的数据分析，假设望大。(16 分)

表 1　电镀工艺对砂轮平均面粗糙度的影响

实验号	温度	上砂时间/min	上砂电流密度/(A/dm²)	电流类型	R_a/μm
1	40～46	120	0.5	直流	44.77
2	40～46	180	1	单脉冲	36.16
3	40～46	240	1.5	双脉冲	45.68
4	47～53	120	1	双脉冲	26.98
5	47～53	180	1.5	直流	58.27
6	47～53	240	0.5	单脉冲	60.93
7	54～60	120	1.5	单脉冲	45.71
8	54～60	180	0.5	双脉冲	19.24
9	54～60	240	1	直流	57.96

试卷三

一、填空题（10×2 分）

1. 为了炒出好吃的蛋炒饭，张三采用了隔夜饭、热的新鲜饭、冷的新鲜饭三种米饭，鸡蛋个数为一个、两个、三个，放油量一勺、两勺、三勺。其中实验单元是 (1)。

2. 为了得到好的学生评价，上课老师选择了一批对其影响好的学生进行评价。这种行为违反了实验设计的 (2) 原则。

3. 在研究石墨对零件润滑性能时使用 t 检验时为 (3) 检验。

4. 按照任课教师的讲授，因素对指标影响规律性展示时，(4) 形式效果最好。

5. Excel 单元地址包括代表 (5) 和代表 (6)。

6. 模糊数学的思想可以将 (7) 指标或水平转化为 (8) 指标或水平。

7. X、Y 回归分析结果中相关系数 $R=1$，则说明 (9)。

8. 绘制学号与成绩的关系图时不能绘制成 (10) 图。

二、简答题（58 分）

1. 说明 34MPa 和 34.0MPa 的区别。（6 分）

2. 拟通过均匀实验设计方法制订实验方案，3 个因素，每个因素 10 个水平。请写出该均匀设计表的符号，并确定各因素放置的列号。（6 分）

3. 写出下列参考文献正确的格式。（6 分）

（1）学位论文，陈达 . 3C-SiC/Si 异质外延生长与肖特基二极管伏安特性的研究 ［J］. 西安电子科技大学，2011.

（2）杂志，Wahab Q. Designing physical simulations and fabrication of high voltage 4H-SiC Schottky rectifiers ［D］. Materials Science. 2000。338（2）：1171-1174.

（3）论著，朱和国 . 材料检测分析方法 ［C］. 东南大学出版社，2008.

4. 对于不同的实验设计方法得到的数据需要采用不同的处理方法，如极差法、方程回归法等，举出 3 种需要对所得数据进行拟合方程的实验设计方法。（6 分）

5. 对下列方程进行线性化处理。（6 分）

（1）形核功：$\Delta G_c = \dfrac{Q}{\Delta T^b}$，其中 $Q = \dfrac{16}{3}\pi\sigma^3 \dfrac{T_m}{H_m^2}$。假设 ΔT 是自变量，ΔG_c 是因变量；

（2）晶胚球冠的体积：$V = a + b\cos\theta + c\cos^3\theta$，其中 θ 是自变量，V 是因变量；

（3）形核功方程 $\Delta G = ar^3 + br^2$，其中 r 是自变量，ΔG 是因变量。

6. 根据实验过程的不同，优化实验可分为哪些类型？并说明均分法、对分法、随机实验法、抛物线法、正交实验法和均匀实验设计法分别属于哪个类别。（6 分）

7. 研究单因素影响时，其水平范围为 ［a，b］，如果将求解区域缩小到 0.1% ［a，b］，问采用均分法、对分法、黄金分割法分别需要多少次数？（6 分）

8. 正交试验方案放置在 Excel 表中，具体位置如图 1 所示，根据上课时老师操作的方法，请写出挤压速度对应 k1、k2、k3 的 averageif 函数和 round 函数嵌套的计算表达式，要

求保留 1 位小数。（6 分）

	A	B	C	D	E	F	G
13							
14			挤压速度	工作带长度	挤压温度	热处理	挤出长度, mm
15		1	1	1	1	1	
16		2	1	2	2	2	
17		3	1	3	3	3	
18		4	2	1	2	3	
19		5	2	2	3	1	
20		6	2	3	1	2	
21		7	3	1	3	2	
22		8	3	2	1	3	
23		9	3	3	2	1	
24							
25		k1					
26		k2					
27		k3					
28		R					

图 1　正交表位置

9. 设计一个实验（含方差处理方法），证明 60 岁老人的力气大于 30 岁男人的，并说明其违反了什么实验设计原则。（6 分）

10. 正交试验设计直观分析中，如果直接看的最优处理与计算出来的最优处理不相同时该如何处理？（4 分）

三、综合题（22 分）

找出表中的错误（6 分），并按照直接分析法完成该正交试验设计的数据分析（16 分）。

表 1　多向压缩对 CuZn 合金力学性能的影响正交试验安排及结果

序号	Zn 含量（质量分数）/%	退火温度	退火时间/h	压缩道次	平均屈服强度/MPa
1	30	723	1	1	482.72
2	30	823	2	2	509.7
3	30	923	3	3	450.7
4	20	723	2	3	513.3
5	20	823	3	1	425.3
6	20	923	1	2	476.0
7	10	723	3	2	427.3
8	10	823	1	3	450.0
9	10	923	2	1	371.0

附录 5 常用正交实验表（详表）（二维码）

附录 6 常用均匀设计表（二维码）

附录 7 常用 Excel 函数（二维码）

附录 5～7

参考文献

[1] 刘文卿. 实验设计 [M]. 北京：清华大学出版社，2005.

[2] 吴占福，王艳立. 生物统计与试验设计 [M]. 北京：化学工业出版社，2010.

[3] 沈邦兴，文昌俊. 实验设计及工程应用 [M]. 北京：中国计量出版社，2005.

[4] 王树茂. 科学实验 [M]. 沈阳：辽宁人民出版社，1998.

[5] 田口玄一. 实验设计法 [M]. 北京：机械工业出版社，1987.

[6] 栾军. 现代试验设计优化方法 [M]. 上海：上海交通大学出版社，1995.

[7] 方开泰，马长兴. 正交与均匀试验设计 [M]. 北京：科学出版社，2001.

[8] DC Montgomery 著. 实验设计与分析 [M]. 第 3 版. 汪仁宫，陈荣昭译. 北京：中国统计出版社，1998.

[9] CF Jeff Wu，M Hamada 著. 实验设计与分析及参数优化 [M]. 张润楚，郑海涛、兰燕等译. 北京：中国统计出版社，2003.

[10] 李云雁，胡传荣. 试验设计与数据处理 [M]. 北京：化学工业出版社，2005.

[11] 袁志发，周静芋. 试验设计与分析 [M]. 北京：高等教育出版社，2000.

[12] 胡亮，杨大锦. Excel 与化学化工试验数据处理 [M]. 北京：化学工业出版社，2004.

[13] 赵选民. 试验设计方法 [M]. 北京：科学出版社，2009.

[14] 邱轶兵. 试验设计与数据处理 [M]. 合肥：中国科学技术大学，2008.

[15] 刘振学，王力. 实验设计与数据处理 [M]. 第 2 版. 北京：化学工业出版社，2015.

[16] XP Zhang, TH Yang, S Castagne, et al. Proposal of bond criterion for hot roll bonding and its application [J]. Materials and Design，2011，32（4）：2239-2245.

[17] 张新平，于思荣，何镇明. 基于 BP 算法的 Ti-Fe-Mo-Mn-Nb-Zr 系钛合金成分优化 [J]. 中国有色金属学报，2002，12（4）：753-758.

[18] XP Zhang，MJ Tan，TH Yang，et al. Isothermal rolling of Mg-based laminated composites made by explosion cladding [J]. Key Engineering Materials，2010，443：614-619.

[19] 曹峰华. 大型船用曲轴曲拐的挤压工艺研究 [D]. 秦皇岛：燕山大学，2011.

[20] 王军锋. 铝合金熔模精密铸造工艺研究 [D]. 杭州：浙江工业大学，2010.

[21] 周琪. 钛合金管材成形加工工艺的数值模拟研究 [D]. 镇江：江苏科技大学，2011.

[22] 金鼎铭，曾琛，杨世元，等. 单因素轮换法在聚丙烯涂层树脂研发中的应用 [J]. 石化技术与应用，2006，24（1）：16-19.

[23] 何春望，谭雪峰，戎喜元，等. 316L 不等厚件之间的焊接工艺 [J]. 仪器仪表与分析监测，2002，3：15-16.

[24] 许昌玲，胡连海，王立伟. 烧结焊剂主要组分对焊剂熔化特性影响的研究 [J]. 石家庄铁道学院学报，2006，19（1）：46-49.

[25] 李平，王汉功，胡重庆. 用均匀设计法试验研究超音速电弧喷涂 Ti-Al 合金涂层结合强度与其工艺参数之间的关系 [J]. 热加工工艺，2003，1：34-36.

[26] 蒲括，邵朋. 精通 Excel 数据统计与分析 [M]. 北京：人民邮电出版社，2014.

[27] 陈明. MATLAB 神经网络原理与实例精解 [M]. 北京：清华大学出版社，2013.

[28] 林高用，王莉，许秀芝，等. 固溶时效对 QAl9-4-3 铝青铜组织和性能的影响 [J]. 中国有色金属学报，2013（3）：679-686.

[29] 佚名. 做实验的对分法 [J]. 数学的实践与认识，1972（02）：6-10.

[30] 陈锡渠. 用 0.618 法优化冷硬铸铁辊的加工 [J]. 机械设计与制造工程，1999（1）：56-57.

[31] 陈邑，黄珍媛，肖尧，等. 基于 0.618 法的深筒制件首次拉深系数判定方法 [J]. 锻压技术，2017，42（06）：51-55.

[32] 郭岳. 单因素最优化法在切削试验中的应用研究 [J]. 山西矿业学院学报，1996（4）：306-311.

[33] 郑宁，胡雄，薛晓光. SPSS 21 统计分析与应用从入门到精通 [M]. 北京：清华大学出版社，2015.